세계가 놀란
한국의 과학기술

세계가 놀란 한국의 과학기술

그레고리 포코니 · 린 일란 · 조중행
토비아스 C. 힌세 지음

|주|자음과모음

Contents

한국의 정보통신기술

한국의 지식정보

토비아스 코르넬리우스 힌세
Tobias Cornelius Hinse

한국천문연구원KASI 선임연구원

토비아스 코르넬리우스 힌세 박사는 독일 출신의 천문학자로 덴마크 코펜하겐대학교에서 천문학과 물리학을 전공하고 석사 학위를 받은 후 유럽 에라스무스 프로그램의 교환학생으로 독일우주센터에서 연구 활동을 했다. 영국의 아마 천문대에서 박사 학위를 받은 후 2011년 한국천문연구원의 박사후연구원Post-Doctor으로 부임했으며 현재 한국천문연구원의 계약직 선임연구원으로 재직하고 있다. 2012년에는 한국천문연구원 최우수 그룹성과상을 공동 수상했으며 2012년과 2014년에는 한국천문연구원 최우수 박사후연구원상을 수상했다.

한국의 천문학

우주의 비밀을 향한
한국 천문학의 놀라운 발견들

한국도 먼 옛날부터 천문학을 중시했고, 이에 대한 많은 유물이 남아 있습니다. 이 곳 한국천문연구원에도 한국의 천문학 유물들이 복제되어 전시되고 있는데, 한국에 온 이후로 흥미롭게 관찰하고 있습니다. 수백 년 전의 것이라고 믿기 힘든 과학적인 정교함이나 한국만의 독특한 우주관이 담겨 있는 유물들을 바라보고 있으면 참으로 경이롭다는 생각이 듭니다.

— 　　　한국에서 연구 활동을 하기로 결심한 과정이 궁금합니다.

한국에 오기 전에는 덴마크의 코펜하겐대학교에서 천문학 석사 학위를 받았고, 독일과 영국에서 연구원으로 활동한 후에 영국 북아일랜드의 아마 천문대Armagh Observatory에서 박사 학위를 받았습니다. 아마 천문대는 1785년에 설립된 곳으로 영국에서는 세계표준시의 기점으로 유명한 왕립 그리니치 천문대 다음으로 오래된 천문대입니다.

　박사 학위를 받은 뒤, 대부분의 과학자들과 마찬가지로 저 역시 박사후연구원 자리를 알아보고 있었습니다. 그러던 중, 오래전부터 친하게 지내던 친구와 오랜만에 연락이 닿았습니다. 친구는 한국에서 연구 생활을 하고 있다고 하더군요. 대화를 나누다가 내가 박사 학위를 받고 박사후연구원 자리를 알아보고 있다는 말에 친구는 대뜸 "한국으로 오는 건 어때?" 하고 권했습니다.

영국에 있는 그리니치 천문대. 이곳을 지나는 자오선이 세계 경도의 중심인 본초 자오선이다.

　사실 그때 저는 한국에 대해서는 아는 바가 그다지 많지 않았습니다. 당시 한국은 천문학계에서 크게 주목 받는 나라가 아니었죠. 저는 대부분의 유럽인들과 비슷하게, 한국이라고 하면 남북한이 대치하고 있는 나라 정도로 생각했습니다. 이야기가 나왔으니까 솔직히 고백하자면, 친구의 권유를 받고 생각 끝에 2011년, 한국에 가기로 결심했을 때에는 이렇게 오랫동안 머물러 있을 거라고는 생각하지 않았습니다. 1~2년 정도 연구 생활을 하다가 미국으로 옮겨가면 어떨까, 하는 생각으로 왔었습니다. 그런데 벌써 한국에 온 지 5년이 지났습니다. 아마도 당분간은 한국에서 연구 활동을 하게 될 것으로 예상합니다.

—　　　처음 한국에 왔을 때는 문화나 언어 차이 때문에 어려움이 많았을 듯
　　　합니다.

한국에 도착했을 때에는 봄이었는데, 벚꽃이 핀 모습이 정말로 아름다웠습니다. 제 모국인 독일은 사계절이 뚜렷한 편도 아니고, 맑은 날도 한국에 비해서는 많지 않습니다. 그래서 벚꽃이 활짝 핀 한국에 대한 첫인상이 좋았습니다.

　언어 장벽도 있고, 문화도 크게 다른 낯선 곳에 적응하는 일이 물론 쉽지는 않았습니다. 하지만 한국에 와서 한국천문연구원KASI에서 연구 생활을 시작했을 때 주위 분들께서 무척 따뜻하게 대해주셨습니다. 식사 초대를 받기도 하고, 등산이나 테니스와 같은 바깥 활동을 함께 하면서 선후배 동료들과 좋은 관계를 만들어갈 수 있었습니다. 덕분에 한국 생활에도 빨리 적응할 수 있었죠. 원래의 계획보다 훨씬 오랜 기간 동안 한국에서 연구 활동을 하게 된 데에는 연구를 통해 거둔 성과는 말할 것도 없고 한국인들의 친절함과 따뜻함도 한몫했다고 생각합니다.

—　　　천문학이라고 한다면 사람들은 망원경으로 별을 관측하고 새로운 별
　　　이나 우주 현상을 발견하는 일을 떠올릴 것 같습니다. 우주를 탐구한
　　　다는 것은 실생활과는 거리가 먼 학문이라는 생각을 할 수도 있을 텐
　　　데요, 천문학자로서 어떻게 생각하십니까?

대중들의 눈에는 수십 광년, 길게는 수십억, 수백억 광년 이상 떨어진 별을 관찰하는 것과 같은 우주 탐구가 실생활과는 거리가 먼 것

달이 태양을 가리는 일식의 진행 과정을 보여주기 위한 이미지

처럼 보일 수도 있습니다. 하지만 인류 역사에서 천문학은 가장 오래된 과학 가운데 하나이고, 인류 생활에 아주 중요한 역할을 해왔습니다.

　예를 들어, 이집트는 해마다 주기적으로 나일 강이 범람했습니다. 강이 넘치는 것은 자연재해이고 큰 피해를 줄 수 있지만 범람할 때 물과 함께 비옥한 흙까지 넘치면서 범람 이후에는 농사짓기가 아주 좋은 환경이 되었습니다. 따라서 이집트 사람들은 나일 강이 언제 범람하는지 정확하게 알고 싶어 했습니다. 범람할 때를 알면 피해를 최대한 줄일 수 있을 뿐 아니라 그 시기에 맞춰서 농사를 준비할 수 있기 때문입니다. 강의 범람이 우주의 규칙적인 움직임과 관련이 있다는 것을 발견한 이집트에서는 일찍부터 천문학이 발달했고, 아랍을 중심으로 발달한 고대 천문학이 동양과 서양으로 퍼졌습니다. 아랍에서 중국을 통해 한국에도 천문학이 전해졌죠.

지구와 달, 태양의 움직임은 농업과 어업에 중요했고, 인간의 삶에 절대적으로 중요한 시간의 체계를 만들고 달력을 만드는 것도 천문학의 중요한 일이었습니다. 때문에 먼 옛날부터 권력자와 정부는 천문학을 중시할 수밖에 없었던 것입니다. 그리고 정부가 천문학을 중시했던 한 가지 이유가 더 있습니다. 바로 우주의 여러 가지 현상입니다.

월식이나 일식 같은 현상은 사람들에게 막연한 불안감이나 불길함을 가져왔습니다. 76년 만에 한 번씩 지구에서 관측되는 핼리혜성 역시 반란과 같은 중요한 역사적 사건 또는 대재앙의 징조로 생각하는 사람이 많았습니다. 옛날에는 우주 현상이 자칫 민심을 뒤흔들거나 반란을 부추겨서 권력의 기반을 위태롭게 만들 수도 있었기 때문에 정부에서는 신경을 안 쓸 수가 없었습니다. 이러한 우주 현상을 미리 예측할 수 있었다면 정부는 사전에 백성들에게 예고를 함으로써 불안감을 덜어줄 수도 있고, 불길함을 막는 종교적인 의식을 치름으로써 사람들을 안심시킬 수 있었을 것입니다. 그래서 한국도 먼 옛날부터 천문학을 중시했고, 그 사실을 증명해주는 많은 유물과 유적이 남아 있습니다.

세계 최고 수준을 자랑했던
선조들의 천문관측과 역법

천문학이 인류 역사에서 가장 오래된 과학이자 인류의 삶과 가장 밀접한 관계를 맺어온 과학이라는 점에서 특히 중요했던 이유는 달력 때문이다. 인류가 농업과 어업을 기반으로 한곳에 정착해서 살아가는 시대에 접어들면서 정확한 날짜와 시간을 계산하는 문제는 생활을 해나가는 데 대단히 중요했다. 예를 들어 농작물에 따라 씨를 뿌리는 시기가 다른데, 이를 사전에 예측할 수 있어야 논이나 밭을 갈아 씨를 뿌릴 준비를 할 수 있다. 또 장마철을 대비해서 미리 수로를 정비하거나 서리가 내리기 전에 수확하기 위해서도 정확한 시기를 예측할 수 있어야 했다.

어업에서는 언제 밀물이 들고 언제 썰물이 나는지, 더 나아가 밀물과 썰물의 차이가 가장 클 때인 사리와, 반대로 가장 차이가 적을 때인 조금이 언제인지를 알아야 했다. 예를 들어 개펄의 조개잡이는 썰물 때를 이용해서 밀물이 들어오기 전에 일을 마쳐야 한다. 사

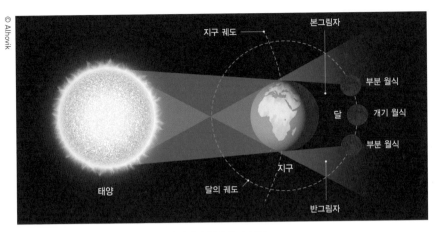

본그림자

지구 궤도

부분 월식

달

개기 월식

부분 월식

지구

태양

달의 궤도

반그림자

월식의 원리. 월식은 밤이 되는 모든 지역에서 관측할 수 있다.

리 때에는 썰물 때 물이 더 많이 빠지므로 개펄이 더 멀리까지 펼쳐
치기 때문이다. 반대로 배가 나갈 때에는 물이 충분히 들어와 있는
밀물 때를 선택하는 것이 안전하다. 썰물 때 수심이 얕으면 암초에
걸릴 위험이 높아지기 때문이다.

인류는 먼 옛날부터 자연의 변화와 각종 자연현상들이 해와 달,
그리고 별들의 움직임과 관계가 있다는 사실을 깨달았다. 선조들은
우주의 움직임을 관측하면서 시간과 날짜의 변화를 터득하고, 이를
통해 언제 계절이 바뀌는지, 또 언제 한 바퀴 돌아서 그 계절이 다시
찾아오게 되는지를 계산하고 달력을 만들었다. 단순히 하루하루가
이어지는 것이 아니라 하루가 모여서 한 달이 되고, 한 달이 모여서
1년을 이루는 구조적인 시스템이 만들어진 것이다. 또한 해시계, 물
시계와 같은 수단을 통해 하루를 좀 더 촘촘하게 나누었다.

달력이 생기기 전에는 '대략 꽃이 필 때쯤' 씨를 뿌리거나 '달이 뜰 때쯤' 배를 띄우는 식으로 부정확한 기준을 사용했다. 그래서 이상 기후로 꽃 피는 시기가 늦어지거나 날이 흐려서 달이 뜨는 걸 알 수 없는 경우에는 사람들은 혼란스러워했을 것이다. 하지만 시계와 달력이 만들어짐으로써 인류는 몇 월 며칠이라는 날짜를 정해서 계획을 세워 농사를 짓고 배를 띄우기 좋은 시기도 잡을 수 있게 되었다.

문제는 달력을 만드는 일이 그리 쉽지 않다는 것이다. 해의 움직임을 기준으로 하는 태양력에 따르면 1년은 365일이지만 사실 지구가 태양을 정확히 한 바퀴 도는 기간, 즉 태양년은 약 365.24219878일이다. 이는 365일 6시간에 약간 못 미치는 정도다. 따라서 1년을 365일로만 계산한다면 4년 후에는 하루의 오차가 생긴다. 현재 쓰이는 양력의 기초인 율리우스력에 4년마다 한 번씩 2월 29일이 있는, 즉 윤년이 있는 이유도 이 때문이다. 하지만 정확한 태양년은 실제로는 6시간이 약간 안 되므로 4년에 한 번씩 윤년을 넣다 보면 또 오차가 생긴다. 이러한 율리우스력의 문제점을 조정하기 위해 100으로 나누어 떨어지는 해, 즉 끝이 00으로 끝나는 해는 평년으로 하되, 400으로 나누어 떨어지는 해는 윤년으로 하는 그레고리력이 지금은 세계 공통으로 쓰이고 있다.

달을 기준으로 하는 음력도 비슷한 문제를 안고 있다. 보름달에서 보름달, 또는 그믐달에서 그믐달로 돌아오는 주기인 삭망주기는 29.53059일, 즉 29일 12시간이 약간 넘으므로 29일이 한 달인 작은달과 30일이 한 달인 큰달이 번갈아 오게 된다.

사람들은 고대부터 우주의 움직임을 관측하여 자연현상을 예측할 수 있는 달력을 만들었다.

고대부터 천문학의 가장 큰 과제는 우주의 움직임을 관측하고 우리의 삶에 영향을 미치는 규칙적인 자연현상을 정확히 예측할 수 있는 달력을 만드는 일이었다. 여기에 가장 큰 영향을 미치는 것은 물론 해와 달이다. 따라서 이들의 움직임은 달력을 만드는 기반이 되었다. 천문학자들은 정확함은 말할 것도 없고 실생활에 도움이 되는 달력을 만들기 위해서 복잡한 문제와 씨름해야 했다. 해와 달 중에 어떤 것을 기반으로 할지, 한 달과 1년의 시스템을 어떻게 만들 것인지, 지구가 태양을 한 바퀴 도는 공전주기와 달의 삭망주기가 1일 단위와 맞지 않아 생기는 오차를 어떻게 보정할 것인지, 달이 열두 번 삭망주기를 거치는 기간과 지구의 공전주기가 다른 문제는 또 어떻게 해결할 것인지와 같은 많은 문제가 있었다.

© Leon Rafael

멕시코시티 국립인류박물관에 있는 고대 아즈텍 태양력

　서양에서는 주로 태양력, 즉 해의 움직임을 기반으로 한 역법을 사용해왔고, 동양에서는 근대까지 태음력, 즉 달의 움직임을 중심으로 한 역법을 널리 써왔다는 사실은 잘 알려져 있다. 양력에 익숙한 지금 시대에 와서 음력을 '왜 이런 복잡하고 비과학적인 역법을 사용했을까?' 하고 생각하는 사람들도 있을 것이다. 하지만 음력도 과학적인 원리에 따라 만들어진 역법이며, 태양력에는 없는 장점이 있다. 선조들이 음력을 주로 사용했던 데에는 다음과 같은 이유를 꼽을 수 있다.

　첫째로는 해의 움직임보다는 달의 움직임이 상대적으로 관측하기 쉬웠다는 점이다. 해와는 달리 달은 직접 쳐다보면서 관측할 수 있는 데다가 날마다 모양이 조금씩 바뀌기 때문이다. 하루를 일日, 즉 하늘에서 태양이 한 바퀴 돌아 제자리로 돌아오는 주기를 기반으로 했다면 한 달은 월月, 즉 하늘에서 달이 그믐달에서 보름달로 갔다가 다시 그믐달로 돌아오는 주기를 기반으로 했다. 이렇게 달이 열두 번 차고 기울기를 되풀이하면 1년이 되었으므로 달력의 시스템을 만들기에는 음력이 편리했다. 게다가 낮에는 거의 태양 하나만 볼 수 있지만 밤에는 달은 말할 것도 없고 다른 많은 별을 관측할 수 있으므로 천문학자들은 달과 별의 관계를 통해 더욱 정확하고 광범위한 관측과 계산을 할 수 있었다.

둘째로 밀물과 썰물, 사리와 조금은 태양보다는 달의 영향을 많이 받는다. 달은 크기로는 태양보다 작지만 거리로는 훨씬 가까워 지구에 미치는 만유인력이 태양의 2.17배가량 되기 때문이다. 달의 위치 및 모양에 따라서 물의 움직임이 규칙적으로 반복되기 때문에 둘 사이의 관계를 좀 더 쉽게 파악할 수 있고, 날[日]과 달[月]을 계산하기에도 더 편리했다. 또한 물의 움직임은 어업은 말할 것도 없고 밀물과 썰물의 영향을 받는 강 하류의 농업 생활에도 매우 중요했다. 기원전 46년 율리우스 카이사르가 율리우스력을 제정하기 이전까지는 서양에서도 태음력이 널리 사용되었다.

태음력의 약점은 지구가 태양을 한 바퀴 도는 주기와 맞아떨어지지 않는다는 것, 그에 따라 1년의 주기가 계절의 순환과 동떨어지는 것이 문제였다. 앞서 살펴보았듯이 음력은 작은달과 큰달이 번갈아 오며, 열두 달이 1년이 된다. 이렇게 하면 354일이 한 해가 되므로 365일이 기본인 양력에 비해 1년에 11일이 적으며, 그에 따라 몇 년만 지나도 계절의 변화와 큰 차이가 난다.

물론 선조들이 계절과 1년의 순환은 태양의 움직임에 따른다는 사실을 몰랐던 것은 아니다. 그래서 음력을 기반으로 하되 태양의 움직임과 너무 벌어지지 않도록 19년에 7번 꼴로 윤달을 넣어서 보정했다. 이것을 태양태음력이라고 한다. 즉 태음력을 기반으로 하면서도 태양력과 너무 동떨어지지 않도록 보정한 것이다. 하지만 이것만으로는 계절의 변화를 정확하게 파악하기에는 한계가 있다. 윤달이 들어가는 해에는 1년 13개월이 되며, 윤달이 어느 달에 들어갈지도 그때그때 달라지기 때문이다.

이러한 한계를 극복하기 위한 개념이 24절기다. 24절기는 태양의 움직임에 바탕을 둔 것이기 때문에 음력으로 해마다 같은 날짜에 돌아오지 않는다. 즉 물의 움직임을 볼 때에는 음력을, 계절의 움직임을 볼 때에는 24절기를 보면 되므로 한국과 중국을 비롯한 동양은 사실 양력과 음력의 장점을 모두 가져와 사용한 것이다.

옛날부터 천문학에서 가장 중요한 과제 중의 하나는 정확한 시간과 날짜를 계산하고, 자연의 흐름과 순환을 예측할 수 있는 달력을 만들어서 백성의 실생활에 도움을 주는 것이었다. 또한 천문관측은 매일 24시간 동안 계속해서 하늘과 우주의 움직임을 관측하고 기록해야 하기 때문에 개인이 하기에는 한계가 있었다. 때문에 천문학은 인류 역사에서 항상 정부의 중요한 관심사이자 업무 중 하나였다.

우리나라도 예외는 아니었다. 우리나라의 천문관측 기술은 이미 삼국시대부터 대단히 정교한 수준을 자랑했다. 『삼국사기』와 『삼국유사』에는 삼국시대에 일어났던 일식, 행성의 움직임, 혜성의 출현, 유성과 운석, 오로라의 출현과 같은 천문 관련 현상 240여 건 이상이 기록되어 있다. 고등과학원 물리학과 박창범 교수가 이들 기록을 과학적인 계산으로 검증해본 결과 대부분이 사실인 것으로 밝혀졌다. 예를 들어 『삼국사기』에 기록된 일식의 기록 66개 중 53개가 실제로 일어났던 것으로 확인되어 실현율이 80%에 이른다. 이는 비슷한 시기의 중국 왕조들이 기록한 일식의 실현율이 많아야 78%, 적게는 65%로 확인된 것과 비교하면 우리나라의 천문관측이 얼마나 정교했는지를 보여준다.

한편 백제에서 많은 문물을 배워간 일본은 역법 역시 전수 받았다. 일본의 역사책인 『일본서기』에 따르면 554년 2월 역박사 고덕 왕보손이 일본으로 건너가서 역법을 가르쳤다는 기록이 있으며, 602년 10월에는 백제의 스님 관륵이 천문과 지리, 역법에 관한 책을 가지고 일본으로 가서 사람들을 가르쳤다는 기록이 있다. 일본은 백제에서 전수 받은 기술로 604년부터 역법을 사용했다. 고구려, 백제, 신라는 저마다 중국에서 다양한 역법을 전수 받아 활용했지만 단순히 따라 하는 것에 머물지 않고 뛰어난 천문관측 기술을 바탕으로 역법을 더욱 정교하게 가다듬어 일본에 전파했다.

이러한 노력은 고려시대에도 계속되었음을 보여주는 유물이 개성에 남아 있는 첨성대다. 신라 첨성대와 그 모양이나 구조는 전혀

지금까지 남아 있는 천문대 가운데 세계에서
가장 오래된 것은 신라 선덕여왕 2년(633년)에 세워진
경주의 첨성대. 삼국시대의 천문관측 기술은
대단히 정교한 수준을 자랑한다.

다르지만 그것 역시 조정^{朝廷} 차원에서 천문관측을 중시했음을 보여주는 유물이라고 할 수 있다. 또한 왕이 바뀌면 정치적인 목적에 따라 역법이 바뀌어 혼란이 많았던 중국과는 달리 고려는 정치적인 목적이 아닌 과학적인 이유로 역법 개정을 시도했다. 아무래도 시간이 지날수록 기존 역법이 실제 자연 변화와 비교해서 오차가 커졌기 때문에 이를 보완하기 위한 시도였다. 이를 통해 여러 가지 역법이 고안되기는 했지만 거의 대부분 실제로 활용되지는 못했다.

한국 역법에 중요한 전기가 마련된 것은 조선의 세종대왕 시대다. 조선조 역시 중국 역법을 사용했기 때문에 여러 가지 천문 현상의 예측이 실제와 들어맞지 않는 문제가 발생했다. 예를 들어 일식이나 월식은 매우 중요한 천문 현상으로, 이를 담당하는 관리가 일식이나 월식이 일어나는 시기를 잘못 예측하면 곤장을 맞거나 심지어는 옥에 갇히고 귀양을 가는 일까지 있었다. 그런데 중국 역법을 기반으로 예측하다 보면 시간이 안 맞는 문제가 자주 벌어졌다. 당시 중국 역법은 연경, 즉 지금의 베이징을 기준으로 만들어졌는데 그 위치는 한양과 멀리 떨어진 서북쪽에 자리 잡고 있어서 해와 달이 뜨고 지는 시기나 그 움직임에 차이가 적지 않았다. 현재 서울과 베이징의 시차는 한 시간인데, 즉 서울은 베이징보다 해가 그만큼 일찍 뜨고 진다. 또한 한양이 더 남쪽에 있으므로 밤낮의 길이에도 차이가 난다. 중국 역법으로 계산하면 한양에서 일어나는 일식이나 월식을 정확히 예측할 수 없는 것은 당연한 일이다.

세종대왕은 우리나라에 맞는 역법이 필요하다는 사실을 깨닫고 새로운 역법을 만들도록 지시했다. 당대의 뛰어난 천문학자였던 이순지와 김담을 비롯한 학자들은 10년에 걸친 노고를 기울인 끝에 1442년 가장 한국적이면서도 당시 세계적으로도 첨단의 역법이라 할 수 있는 『칠정산』을 탄생시켰다. 『칠정산』은 내편과 외편, 두 가지로 만들어졌으며, 이 두 가지는 서로 다른 역법을 사용하고 있다.

먼저 내편은 그때까지 사용하고 있던 중국의 수시력과 대통력을 기반으로 하고 있지만 한양의 위치에 맞게 수정해서 정확도를 높였다. 예를 들어 한양을 기준으로 한 『칠정산』에서는 동짓날 낮의 길이가 39.13각인 데 반해 연경을 기준으로 한 중국 역법에서는 38.14각이다. 여기서 1각은 하루를 100등분한 것으로 지금의 약 14.4분에 해당한다. 즉 연경보다 남쪽에 있는 한양의 동짓날 낮의 길이가 15분 정도 더 길다.

외편은 그보다도 더 과감한 역법이었는데, 당시 중국으로 전래는 되었지만 아직 제대로 활용되지 못했던, 당대의 최신 기술이라 할 수 있는 아라비아의 역법을 바탕으로 만든 것이다. 하늘을 둥근 반구로 보았던 선조들은 해와 달, 별이 어디에 있고 시시각각 위치가 어떻게 바뀌는지 지정하기 위해서 각도의 개념을 사용했다. 내편과 외편은 이 개념에도 차이를 보였는데, 중국 역법을 기반으로 한 내편은 원을 365.25도로 나누고 다시 1도를 100분, 1분을 100초로 나누었다. 반면 아라비아 역법인 회회력을 기초로 한 외편은 원을 360도로 나누고 1도를 60분, 1분을 60초로 나누는 새로운 방식을 사용했다. 이는 지금 우리가 사용하는 각도의 개념과 일치한다.

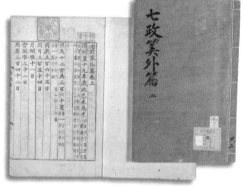

1442년 가장 한국적이면서도 세계에서
첨단의 역법이라 인정받는 『칠정산』이 탄생했다.
『칠정산』은 내편과 외편, 두 가지로 만들어졌으며,
이 두 가지는 서로 다른 역법을 사용하고 있다.

또한 내편은 1년을 365.2425일로 잡고 있는 데 반해 외편은 1년을 365.242188일로 잡고 있다. 현대 천문학의 태양년이 365.24219878일인 것과 비교해 본다면, 외편에서 계산한 1년의 정확도는 약 1초 정도의 오차만 있을 뿐이며 중국 역법을 기준으로 계산한 내편의 것보다 훨씬 더 정확하다. 이러한 『칠정산』의 역법으로 일식을 예측한 결과, 현대의 첨단 과학을 통해 예측한 것과 1분 정도의 차이밖에 나지 않는다.

얼핏 생각하면 아라비아 역법을 그냥 가져다 쓴 것이 아니냐고 볼 수도 있지만 아라비아 역법은 완전한 태음력이다. 즉 지구가 태양을 도는 공전주기에 맞추기 위해서 윤달을 넣거나 하지 않은, 완전히 달의 움직임만으로 만든 역법이다. 따라서 1년의 길이가 지구 공전주기와 큰 차이가 난다. 『칠정산외편』은 아라비아 역법을 받아들이면서도 이를 한 단계 더 발전시켜 태양의 움직임을 결합하고 이를 바탕으로 1년의 길이를 중국보다 훨씬 정확하게 계산해낸 것이다. 한마디로 당시에는 세계 최첨단의 역법이었다고 해도 과언이 아니다.

중국은 『칠정산』이 편찬되고 70년이 지나서야 회회력을 사용하기 시작했다. 일본은 그보다 200년 이상 뒤인 1683년에 가서야 조선통신사에게서 전수 받은 『칠정산』 역법을 응용한 최초의 일본 역법인 정향력을 만들었다.

여기서 꼭 짚고 넘어가야 할 과학자가 있다. 조선 초기 과학적 성과가 활짝 꽃을 피웠던 세종대왕 시대의 과학자로서 가장 유명한 인물은 장영실이다. 장영실은 일정한 시각마다 자동으로 종을 울리는 물시계인 자격루를 비롯하여 해시계 앙부일구, 천문관측 도구인 간의를 비롯하여 조선시대의 과학기술을 대표하는 여러 가지 발명품을 만든 주역으로 잘 알려져 있다. 또한 노비의 신분이었지만 뛰어난 실력을 바탕으로 천민 신세를 면하고 관직에까지 오른 과정도 장영실을 더욱 주목 받게 만들었다.

© Joymski140

조선시대에 여러 관측 도구를 만든 장영실을 기념하는 동상

그런데 장영실에 비하면 별로 알려져 있지는 않지만 세종대왕 시대의 과학, 특히 천문학의 발전을 이끈 천재적인 과학자가 있다. 바로 이순지다. 세종대왕 시기에 최고의 과학적 성과로 손꼽히는 조선의 독자적인 역법인『칠정산』을 만들어낸 주역은 바로 이순지, 그리고 또 한 명의 천문학자이자 역법 전문가인 김담이다.

이순지는 관직에 진출한 후 원래는 외교문서를 담당하는 승문원, 도서를 관리하고 임금의 물음에 답하는 홍문관에서 일했다. 이순지가 천문학 분야에서 주목을 받게 된 것은 우연한 기회에서였다. 1430년경, 세종대왕은 홍문관에 "한성의 위도가 얼마인가?"라고 물었고 이순지는 계산을 통해서 대략 38도 정도 된다고 답했다. 하지만 왕이나 학자들은 이를 믿지 않았다고 한다. 그때에는 아직 본격적으로 천문관측 시설이나 기구를 만들기 전이어서 정확하지 않을 것이라고 짐작했기 때문이다.

그런데 나중에 세종대왕은 다른 문헌을 보다가 한성의 위도가 38.25도 정도 된다는 사실을 알았고, 이순지의 계산이 거의 정확했다는 것을 깨닫게 되었다. 그 후 세종대왕은 전형적인 사대부 출신의 문신이었던 이순지를 천문학 분야를 담당하는 관청인 서운관 관리로 발탁했다.

이순지의 가장 큰 업적은 『칠정산』을 펴낸 것이지만 앞서 살펴본 장영실의 여러 가지 발명품의 대부분이 그의 이론적 배경이 있었기 때문에 가능했다는 점이다. 이순지는 과학적인 이론을 정립하고, 여기에 무신 출신의 과학기술자이자 각종 천문학 기구, 금속활자, 무기 개발의 책임을 맡은 이천이 제작을 감독했다. 그리고 실제 제작을 통해 구현해내는 것은 장영실의 몫이었다. 당시 과학 관련 일들은 주로 중간 계급인 중인이 맡았지만 세종대왕은 사대부 문신, 무신, 노비 출신에 이르기까지 출신보다는 재능과 실력에 주목하고 능력 있는 사람들을 중용했다. 이순지-이천-장영실로 이어지는 팀이 여러 뛰어난 발명품을 만든 것이라고 해도 과언은 아니다.

훗날 이순지가 세상을 떠나자 당시의 임금이었던 세조는 "세종께서는 천문 기구들을 교정하도록 이순지에게 맡겼다. 지금의 간의, 규표, 대평, 현주, 앙부 등과 보루각, 흠경각 등은 모두 이순지가 세종의 명을 받아 완성한 것이다"라고 애도했다. 물론 이순지 혼자의 성과는 아니지만 중요한 주역이었던 것만은 부인할 수 없다.

그동안 한국의 천문학 역사에 대해서도 여러 가지 알게 되었을 텐데

특히 재미있게 보거나 들은 내용이 있으신지요?

한국에 와서 알게 된 것 중에 참으로 재미있게 느꼈던 것은 달에 산다고 전해 내려오는 토끼 이야기였습니다. 서양 사람들은 달을 보면서 까마귀를 떠올리는데, 동양 사람들은 토끼를 떠올린다고 하더군요. 그 얘기를 듣고 나서 달을 보니 정말 그렇게 보일 만도 하겠다는 생각이 들었습니다. 동양과 서양은 같은 달을 보아도 저마다 달의 다른 부분을 보게 됩니다. 동양 사람들은 달에서 토끼와 비슷한 모습을 한 부분을 보고, 서양 사람들은 까마귀와 닮은 모양을 한 부분을 보게 되는 것이죠. 과학과는 좀 거리가 있긴 하겠지만 예전에는 잘 몰랐던 동양의 달과 별에 대한 생각을 알게 된 것은 흥미로운 경험이었습니다.

서양의 별자리,
동양의 별자리

북두칠성, 카시오페이아자리, 큰곰자리, 오리온자리, 쌍둥이자
리…… 밤하늘의 별들을 관찰할 때 우리는 흔히 별자리를 찾는다.
별자리마다 그에 얽힌 이야기나 신화가 있고, 점을 칠 때에도 별자
리가 쓰인다. 단순한 흥밋거리 이상의 의미가 있다. 항해를 할 때에
는 하늘에 떠 있는 특정한 별의 위치를 보고 방향을 측정했다. 그러
나 하늘에 빛나는 수많은 별들 가운데 특정한 별을 찾기란 쉬운 일
이 아니었다. 때문에 다른 별들과의 위치와 거리 관계를 측정해보
면서 원하는 별을 찾아냈고, 이 과정에서 자연스럽게 별자리의 개
념이 생겨났을 것이다.

  그런데 이러한 별자리들은 서양에서 만들어진 것으로 별자리에
얽힌 이야기들도 그리스·로마 신화에서 온 것이 많다. 우리가 흔히
알고 있는 별자리는 기원전 약 3,000년 전에 지금의 이라크 일대에
서 메소포타미아 문명을 일으켰던 바빌로니아인들에게서 유래되었

미국 데빌스타워 국립천연기념물 위로 보이는 북두칠성. 이해를 돕기 위해 실선으로 연결했다.

다는 것이 정설이다. 그 지역의 유적지를 보면 돌이나 흙판에 새겨진 별자리가 남아 있다. 이를 전승 받은 그리스·로마인들은 별자리마다 자신들의 신화에 등장했던 영웅이나 동물, 물건들의 이름을 붙임으로써 오늘날 우리가 알고 있는 별자리의 틀을 만들었다.

현재 쓰이는 별자리는 2세기 후반, 천동설을 창시한 것으로 잘 알려진 그리스의 천문학자 프톨레마이오스가 정리한 48개의 별자리를 기초로 하고 있다. 중세에는 성도星圖, 즉 별의 지도에 별자리를 표시하는 추세가 나타났고 이 과정에서 별자리들이 추가되었다. 티코 브라헤, 요하네스 헤벨리우스와 같은 천문학자들도 별자리를 추가하거나 손질하기도 하면서 조금씩 변화가 이루어졌다. 현재는 국

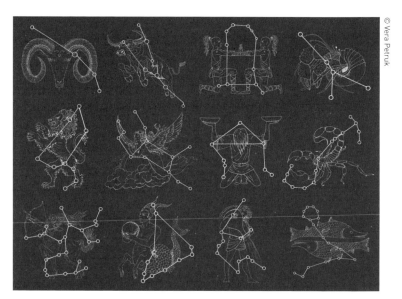

별자리라고 하면 흔히 떠올리는 서양식 별자리 황도 12궁

제천문학회가 1922년에 공인한 88개의 별자리를 사용하고 있다.

그렇다면 동양에는 별자리가 없었을까? 물론 있었다. 별을 관측하고 원하는 별을 찾아내야 하는 필요성은 서양이나 동양이나 마찬가지였기 때문이다. 하지만 별자리의 개념은 근본적으로 달랐다. 일단 서양에서 보는 하늘과 동양에서 보는 하늘은 같지 않다. 지구위의 위치가 크게 다르기 때문에 잘 보이는 별이나 하늘 위에 떠 있는 별의 위치가 다를 수밖에 없다.

우주와 별을 보는 철학이나 개념도 달랐다. 동양의 별자리는 중국을 중심으로 발달했다. 그리스·로마 신화의 영향을 강하게 받은 서양의 별자리와는 달리 중국의 별자리는 철저하게 실용성을 가지고 체계를 쌓아 나갔다. 중국인들은 하늘을 하나의 제국으로 보고 '3원 28수'라는 체계를 갖추어 별자리를 정했다.

먼저 3원이란 '세 개의 울타리'라는 뜻을 가지고 있는데, 북극을 중심으로 하늘을 세 개의 울타리로 나누는 개념이다. 3원에는 각각 자미원, 태미원, 천시원이라는 이름이 붙어 있다. 북극성을 만물의 생장과 소멸을 주관하는 '하늘의 황제'로 보고 그 주변을 황제가 사는 궁궐, 즉 자미궁이라고 불렀다. 자미원은 이 자미궁을 둘러싼 울타리다. 자미궁 안에는 북극, 태을, 음덕, 상서를 비롯한 39개의 별자리가 들어 있으며 서양의 별자리로 보면 용자리, 작은곰자리와 같은 별자리들이 자미원 안에 들어 있다.

그리고 태미원과 천시원은 비슷한 크기로 나란히 놓여 있으면서 마치 교집합의 다이어그램을 보는 것처럼 겹쳐 있다. 그리고 그 교집합 안에 자미원이 놓여 있다. 태미원은 하늘나라의 조정에 해당하는 구역으로 삼태성, 헌원, 좌원장, 우원장, 오제자를 비롯하여 신하에 해당하는 21개의 별자리들이 이곳에 자리 잡고 있다. 서양 별자리로는 머리털자리가 이 안에 들어 있으며 처녀자리, 사자자리, 큰곰자리의 일부도 태미원 안에 자리 잡고 있다. 마지막으로 천시원은 하늘나라의 시장에 해당하는 곳으로 거사, 종정, 도사, 칠공을 비롯한 20개 별자리가 있으며 서양 별자리로는 뱀주인자리, 뱀자리가 여기에 포함된다.

이제 28수에 대해서도 알아보자. 옛 사람들은 하늘을 동(청룡), 서(백호), 남(주작), 북(현무)으로 4등분하고, 각각을 다시 일곱 개 영역으로 나누었다. 따라서 4×7=28수가 되는 것이다. 달은 날마다 뜨는 위치가 달라지는데, 28일이 지나면 원래의 위치로 돌아온다. 즉 날마다 달이 뜨는 위치가 달라지는 것에 맞춰서 28수를 만든 것이고 달은 날마다 28수의 다른 위치에 자리를 잡는다. 앞서 살펴보았듯이 옛 사람들은 북극성을 하늘나라 황제로 보아 이를 중심으로 궁궐과 조정, 도시를 상징하는 3원을 만들었다. 그보다 더 넓은 하늘의 영역은 각각 제후들이 다스리고 있다고 생각했다. 따라서 28수는 각각 제후가 다스리는 영토를 상징한다. 옛 사람들은 이렇게 3원 28수의 개념을 통해 땅 위의 나라를 옮겨놓은 듯한 하늘나라의 체계를 만들었다. 28수 각각에는 여러 개의 별자리들이 들어 있으며, 이들을 모두 합치면 대략 300개 가까이 된다. 비록 지금은 서양의 별자리가 널리 쓰이고 있지만 동양의 별자리는 서양보다도 오히려 수가 많고 체계적인 분류 구조를 가지고 있다.

우리나라 역시 서양 천문학이 들어오기 전까지는 3원 28수의 개념을 바탕으로 한 별자리 체계를 사용했고, 천문에 관한 옛 유물과 문헌들 역시 이 개념을 기반으로 하고 있다. 설날 때마다 즐기는 민속놀이인 윷놀이도 알고 보면 28수의 개념을 바탕으로 만들어진 것이다. 요즈음은 윷놀이의 말판 모양으로 네모가 많이 쓰이지만 원래 윷놀이의 말판은 둥근 원형이었다. 그리고 점의 수는 모두 28개인데, 한가운데에 있는 점은 북극성을 상징한다. 이를 제외한 나머지 28개는 28수를 상징하며, 동서남북으로 나뉘어 있는 모습은 청룡, 백호, 주작, 현무를 연상시킨다. 원래 말이 시작하는 지점이 북

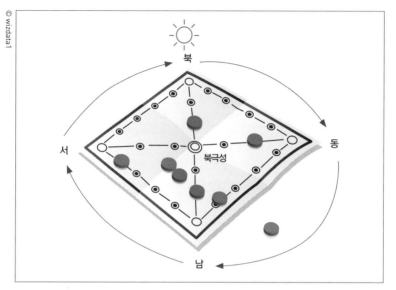

해의 움직임을 따라 만든 윷판

쪽을 상징한다. 말이 윷판을 따라 북 → 동 → 남 → 서로 움직이는
모습은 하루 중 해가 움직이는 모습을 닮았다.

윷놀이의 규칙도 알고 보면 계절에 따라 태양이 움직이는 모습을
본뜬 것이다. 예를 들어 모 → 걸 → 윷이 나오면 한가운데를 거쳐
가장 짧은 거리를 통해서 말이 나갈 수 있는데, 이는 해가 가장 짧은
동지를 뜻한다. 반대로 말판의 바깥쪽을 빙 돌아서 나가는 것은 하
지를 뜻한다. 모가 나온 다음 윷이 나와서 가운데를 가로질러 다시
바깥으로 나가는 것은 춘분을, 시작 지점 반대 방향까지 바깥으로
돌았다가 가운데로 들어가서 나가는 모습은 추분을 뜻한다. 선조들
은 윷놀이 속에도 우주의 모습과 태양의 움직임을 담았다.

— 　한국에도 천문에 관한 여러 가지 유물이나 유적이 있는데 본 적이 있

　으신지요?

이곳 한국천문연구원 로비에는 한국의 여러 가지 천문학 관련 유물 복제품들이 전시되어 있고, 또 한국 역사 속 천문학자들을 소개하고 있습니다. 연구원을 방문하는 손님들을 맞이하면 제일 먼저 로비에 있는 유물과 역사 속 천문학자들을 안내하곤 합니다.

　한국에 있으면서 물론 한국의 천문학 역사에 대해서 여러 가지로 관심을 가지게 되었습니다. 외국인으로서 한국의 천문학 역사에 관해 접근할 수 있는 자료는 제한적입니다만, 한국이 먼 옛날부터 천문학에 대해 많은 관심을 가지고 독자적인 학문을 발전시켜온 것으로 이해하고 있습니다.

　경주의 첨성대라든가, 조선시대에 만들어진 여러 가지 천문 기구 및 시계는 수백 년 전의 것이라고는 믿기 어려울 정도로 정교하고 정확한 기술을 보여주고 있습니다. 당시 한국 천문학 수준이 얼마나 뛰어났는지 짐작할 수 있게 해주는, 상당히 인상 깊은 역사적인 유물이라고 생각합니다.

한국 천문학 기술의 우수성을
상징하는 유물들

우리나라는 오랜 옛날부터 뛰어난 천문학 기술을 자랑했으며, 많은 유물과 자료가 이를 입증해주고 있다. 한국의 천문학 기술을 상징하는 유물로 많은 사람이 첫손가락에 꼽는 것은 역시 첨성대일 것이다. 국보 제31호로 지정된 경주의 첨성대는 지금까지 남아 있는 천문대 가운데 세계에서 가장 오래된 것으로 알려져 있다. 아래는 넓고 위로 갈수록 좁아지는 독특한 형태를 한 첨성대의 꼭대기는 우물 정# 모양의 돌이 2단으로 쌓여 있는데, 그 위에 관측기구를 놓고 하늘을 관측했을 것으로 보인다. 첨성대에 쓰인 360개의 돌은 1년의 날수를, 그리고 가운데에 있는 네모 모양의 구멍을 기준으로 위로 12단, 아래로 12단을 쌓은 것은 1년이 열두 달임을 상징하는 의미로 해석할 수 있다. 또한 전체가 27단으로 구성된 것은 선덕여왕이 신라의 27대 임금이었던 것을 상징한다고 볼 수 있다.

그 이전 삼국시대에도 고구려 및 백제에서 각각 첨성대와 점성대^臺를 만들어 우주를 관측했다는 기록이 있지만 실제 유적은 남아 있지 않다. 2011년 북한이 평양에서 고구려 첨성대 터를 발굴했다는 보도가 있었지만 신빙성이 떨어지는 것으로 보인다. 하지만 삼국시대 때부터 선조들이 천문학을 중시했다는 사실만큼은 확인할 수 있다.

첨성대는 세계에서 가장 오래된 천문대라는 의미는 말할 것도 없고, 석굴암과 함께 신라의 뛰어난 석조 건축 기술을 상징하는 유물이기도 하다. 건축된 시기에 대해서는 여러 가지 설이 있지만 대략 선덕여왕 시기, 즉 632년에서 647년 사이에 지어진 것으로 추정된다. 첨성대는 약 1,400년 가까운 시간이 흘렀음에도 원형을 거의 그대로 보존하고 있다. 게다가 2016년 9월 경주에 규모 5.8의 지진이 발생했고 첨성대도 이 지진의 영향으로 심하게 흔들렸지만 전혀 손상을 입지 않아, 첨성대가 얼마나 튼튼하게 건축되었는지를 다시 한 번 입증했다.

고려시대에도 첨성대를 지어서 우주를 관측했으며, 북한의 개성에 유적이 남아 있다. 이름은 같지만 구조는 경주의 첨성대와는 전혀 달라서 다섯 개의 화강석 기둥 위에 돌마루를 얹어놓은 형태로 되어 있다. 고려시대 선조들은 이 돌마루 위에 관측 도구를 올려놓고 우주의 변화를 관측했다.

조선시대에 관천대라는 천문대를 만들었는데, 현재 조선 전기 때 만들어진 서울 관상감^{지금의 현대건설 사옥 자리} 관천대와 후기에 세운 창경궁 관천대가 남아 있다. 원래 세종대왕은 경복궁에 관천대보다 훨씬 규모가 큰 관측 시설인 대간의대를 만들었다. 동양 최대의 규모와 최고 수준의 시설을 자랑했던 대간의대는 날마다 다섯 명의 관리들이 밤하늘을 관측했고, 외국 사신들에게는 공개하지 않을 정도로 중요하게 관리되었는데 안타깝게도 임진왜란 때 파괴되고 말았다. 먼 옛날부터 선조들은 우주를 관측하기 위한 시설을 짓고 여러 가지 천문 도구를 활용하여 정밀한 관측을 해왔다.

천문 관측기구 가운데 대표적인 것이 혼천의다. 만 원권 지폐 뒷면에도 그려져 있는 혼천의는 일종의 시뮬레이션 도구로서, 또한 관측기구로서 쓰였던 기구다. 옛날 사람들은 지구가 우주의 중심에 있고, 태양이나 다른 별들은 지구 주위를 돈다고 여겼다. 우주는 지구를 중심으로 한 하나의 커다란 공, 즉 천구로 보았다. 이러한 우주관을 혼천설이라고 불렀는데, 이 개념을 바탕으로 만든 것이 혼천의다.

혼천의는 지구를 중심으로 태양과 달이 지나는 길을 고리 모양으로 만들었고, 그 바깥에는 다시 천구를 가로지르는 세 가지의 선, 즉 남북 방향의 자오선, 동서 방향의 지평선, 위아래 방향의 적도선을 뜻하는 세 개의 고리를 두었다. 이 고리들에는 눈금이 새겨져 있기 때문에 바깥의 고리들이 정확한 방향을 향하도록 자리를 잡으면 해와 달, 하늘의 별이 떠 있는 천구 속의 정확한 위치를 측정할 수 있었고, 이를 통해 정확한 시각도 알 수 있었다.

기록에 따르면 혼천의는 기원전 2세기경에 중국에서 처음 만든 것으로 알려져 있다. 혼천의는 하늘을 관측하는 중요한 도구 중 하나였기 때문에 우리나라의 역대 조정에서도 여러 가지 혼천의를 만들었다. 이미 삼국시대 때부터 정밀한 우주 관측이 이루어져 온 만큼 우리 선조들은 삼국시대 때부터 상당한 수준의 혼천의를 만들어 사용했을 것으로 추측되지만, 문헌상에 남아 있는 기록으로는 조선시대 세종 15년, 1433년이 처음이다.

1438년, 세종대왕은 궁궐 안에 천문을 관장하는 흠경각을 세웠다. 흠경각은 세종대왕 시기의 과학기술, 특히 천문 기술을 집대성한 곳이라고 해도 과언이 아니다. 이곳에는 혼천의와 간의 같은 천문기구들은 말할 것도 없고 자동물시계인 흠경각루가 있었다고 한다. 흠경각루는 물의 힘을 바탕으로 하루 12시간을 상징하는 인형들이 자동으로 움직이고 정시가 될 때마다 방울이 울렸다. 안타깝게도 여러 차례의 화재와 임진왜란을 거치면서 모두 없어지고, 지금은 흠경각 건물만이 복원된 상태다.

비록 중국의 우주관인 천동설의 일종이라 할 수 있는 혼천설을 바탕으로 만든 혼천의지만 우리나라의 혼천의는 중국과는 다른 발전 방향으로 나아간다. 중국의 혼천의는 앞서 살펴본 것처럼 관측 도구로 널리 쓰였다. 하지만 혼천의는 복잡한 구조 때문에 실제 관측을 할 때에는 여러 가지로 불편한 점이 있었다. 그에 따라 조선시대에는 혼천의를 좀 더 간소하게 만들어 관측에 편리하게 만든 간의라는 도구가 개발되었으며, 혼천의는 천체의 움직임을 살펴보고 예측할 수 있는 일종의 시뮬레이터로서 더 많이 쓰이게 되었다. 이러한 진화 과정을 거쳐 혼천시계가 등장한다.

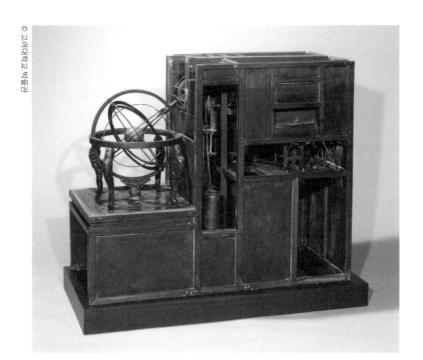

국보 제230호 혼천시계

혼천시계는 이름에서 짐작할 수 있는 것처럼 혼천의와 시계를 결합한 형태의 기구다. 이 두 가지를 기계적으로 결합할 수 있다면 시간 변화에 따라 천체가 어떤 위치에 있는지를 보여줄 것이다. 우리 선조들은 실제로 그러한 기능을 하는 정교한 혼천시계를 만들었다. 그중 가장 유명한 것이 현재 국보 제230호로 지정되어 있는, 1669년 현종 때 송이영이 만든 혼천시계다. 1657년 네덜란드의 크리스티안 하위헌스가 발명한 태엽장치 자명종이 중국을 거쳐 한국에도 전래되었고, 송이영이 이를 연구한 끝에 태엽 대신 두 개의 추가 번갈아 움직이는 힘을 동력으로 사용한 혼천시계를 만들었다. 만 원권 지폐 뒷면에 그려져 있는 혼천의도 바로 이 혼천시계 중 혼천의 부분만을 그린 것이다.

이전에도 혼천시계가 있었지만 주로 물의 힘으로 움직였던 것에 반해, 송이영의 혼천시계는 추의 힘으로 움직였다. 추가 좌우로 움직였던 옛날의 괘종시계를 떠올려보면 이해하기 쉬울 것이다. 이 추의 힘이 여러 가지 톱니바퀴를 거치면서 일정한 힘을 갖게 되고 이 힘으로 일정한 시간마다 종을 울리는 것은 말할 것도 없고 혼천의를 작동시켜서 현재 시각에 따른 천체의 위치를 알려주고 음력과 양력 날짜까지 알려주는 기능을 했다. 이는 서양의 기계식 시계인 자명종에 동양의 혼천의를 결합시킨 것으로 세계적으로도 가장 독창적인 천문학 기구이자 시계로 평가받고 있다. 또한 하루 오차가 3분 남짓밖에 안 될 정도로 뛰어난 정밀도를 자랑한다.

그런데 이 혼천시계의 진가를 가장 먼저 알아본 사람은 영국의 과학자이자 동양과학사의 권위자인 조지프 니덤이었다. 그는 조선의 혼천시계를 "동아시아 시계학 역사에서 하나의 획기적인 사건"으로 평가하면서 "시계 역사상 매우 독창적인 유물이다. 세계의 유명 과학사 박물관들은 반드시 이것의 복제품을 소장해야 한다"라며 극찬했다. 미국 스미소니언 기술사 박물관에서는 1960년대 말에 혼천시계 특별 전시를 제의해왔고, 이 기계의 정밀한 측정과 복제품 제작까지도 요청했다. 시계 기술로 유명한 스위스의 시계 장인 루드비히 외슐린 역시 혼천시계를 보고 "유럽식과 아시아식 사고의 결합으로 만들어진 전례 없는 작품"이라고 극찬하면서 자신의 기술로 혼천시계를 제작하기도 했다.

현재 국보로 보관되고 있는 혼천시계는 지금은 시계로서 작동하지는 못한다. 이를 복원하기 위한 노력이 최근에야 이루어져서 2004년에 그 형태를 온전히 복원했고 2009년에는 국립중앙과학관에서 기계장치까지 완전히 복원하는 데 성공했다.

조선시대 최고의 천문도,
그 비결은 고구려?

땅 위에 지도가 있듯이 하늘 위에도 지도가 있다. 하늘 위 이곳저곳에 펼쳐진 수많은 별이 각각 어느 위치에 있는지를 나타내는 천문도가 바로 하늘의 지도다. 천문도는 우주를 관측할 때 사용되는 가장 중요한 도구 중 하나일 뿐 아니라 그 시대의 천문학이 얼마나 정교한 수준에 와 있는지를 보여주는 증거이기도 하다. 정확한 천문도를 그리기 위해서는 정확한 관측이 그 무엇보다 필요하다.

지금까지 전해 내려오는 우리 선조의 가장 오래된 천문도는 고구려의 고분인 무용총 천장에 그려져 있는 벽화다. 무용총의 네 방향 옆벽에는 사냥하는 모습, 춤을 추는 모습, 음식이 차려진 탁자를 두고 마주한 주인과 손님이 대화를 나누는 모습과 같이 당시의 생활상을 추측할 수 있는 여러 가지 그림이 그려져 있다. 그리고 천장에는 하늘의 다양한 모습을 그려놓았다. 여기에는 해와 달은 물론 북두칠성과 남두육성을 비롯하여 동서남북의 각 방향별로 주요한

고구려 무용총 천장에는 하늘의 다양한 모습이 그려져 있다.

별자리들이 담겨 있다. 게다가 그 그림은 정확한 천문 관측을 통해 별자리를 배치해 그려놓은 것이어서 고구려의 천문학이 얼마나 높은 수준이었는지를 짐작하게 한다.

선조들은 이미 삼국시대 때부터 천문도를 만들어왔지만 안타깝게도 조선시대 이전의 것들은 전해 내려오는 것이 거의 없다. 여러 역사책에도 고려시대까지의 천문도에 관해서는 짤막한 기록만이 몇 가지 남아 있을 뿐이다. 또한 만들어진 때가 정확히 확인되지 않은 두 개의 천문도, 혼천요의와 고려 천문도가 남아 있는데, 그 특징으로 보아 조선시대에 만들어졌다기보다는 고려시대의 천문도일 가능성이 더 유력하다.

그런데 조선시대에 들어서 우리나라의 천문학 역사상 아주 중요한 천문도가 만들어졌다. 국보 228호로 지정되어 있는 '천상열차분야지도 각석'이라는 것으로, 조선이 출범한 지 얼마 안 된 태조 4년(1395년)에 조선 초기를 대표하는 학자인 권근이 11명의 학자들과 협력해서 만든, 돌에 새긴 천문도다. 다만 권근은 천문학자는 아니었으므로 실제로 천문도 제작을 주도한 인물은 당대의 대표적인 천문학자 중 하나였던 유방택이었을 것이다. 이후 세월이 흐르고 궁궐의 화재와 임진왜란을 비롯한 난리를 겪으면서 각석이 많이 닳자 숙종 때에 정교한 복제품을 만들고 둘 모두를 경복궁 안 흠경각에 보관했다고 한다.

'천상열차분야지도'란, 하늘(천상)을 차와 분야에 따라 나눈 지도라는 뜻이다. 여기서 '차'란 지구를 중심으로 보았을 때 태양이 그리는 궤도인 황도를 중심으로 하늘을 12등분한 것을 뜻하며, '분야'란 동양에서 별을 관측할 때 사용한 기본 개념인 3원 28수의 28수를 뜻한다. 즉 하늘의 위치를 구분하는 기준으로 차와 분야를 사용한 천문도라는 뜻이다.

천상열차분야지도는 전천천문도, 즉 지평선 위(하늘)에 보이는 모든 별을 담은 천문도로 1,467개나 되는 별과 290개의 별자리가 새겨져 있다. 돌의 크기도 가로 122cm, 세로 221cm로 사람 키를 훌쩍 뛰어넘을 정도로 크다. 무게가 1t이 넘는 천상열차분야지도는 돌에 새긴 천문도로서는 1247년 중국 남송 시기의 순우천문도에 이어서 세계에서 두 번째로 오래된 것이다.

또한 정교함은 그 이전은 물론 이후에 나온 중국의 천문도와 비교해도 뛰어난 수준을 자랑하는데, 중국의 전천천문도에 들어 있는 별의 수가 1,463개인 데 반해 천상열차분야지도에는 1,467개가 들어 있다. 중국 천문도에는 없는 종대부라는 별자리가 들어 있기 때문이다. 게다가 중국의 천문도는 별의 크기가 모두 똑같이 그려져 있지만 천상열차분야지도는 별의 밝기에 따라서 크기를 다르게 그렸다. 그런데 이 천상열차분야지도는 실질적으로는 조선시대보다 1,000년 이상 오래된 고구려의 천문학 수준을 엿보게 해주는 유물이기도 하다. 그 이유는 천상열차분야지도에 적혀 있는 다음과 같은 글귀 때문이다.

예전에 평양성에 천문도 석각판이 있었다. 그것이 전란으로 말미암아 강물에 빠졌고, 세월이 흘러 그 인본印本마저 희귀하여 찾아볼 수 없었다. 그런데 태조가 즉위한 지 얼마 안 되어 그 천문도의 인본을 바치는 사람이 있었다. 태조는 그것을 매우 귀중히 여겨 다시 돌에 새겨두도록 서운관에 명했다. 서운관에서는 연대가 오래되어 이미 별의 도수度數에 차이가 생기므로 새로운 관측에 따라 그 차이를 보완하여 새 천문도를 작성하도록 했다.

천상열차분야지도는 권근과 협력자들이 처음부터 만든 것이 아니라 옛날에 만들어졌던 천문도를 원본으로 해서 만든 것임을 알 수 있다. 게다가 그 석각본, 즉 돌에 새긴 천문도가 고구려의 수도였던 평양성에 있었다는 것은 천상열차분야지도가 고구려의 천문도

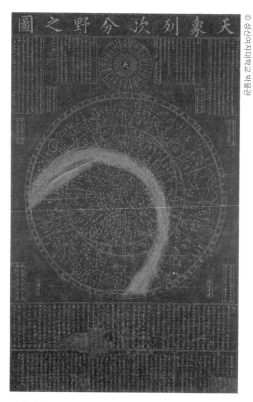

천상열차분야지도

로 만든 것이라는 사실을 말해준다. 하지만 돌에 새긴 원본은 전쟁 중 강물에 빠져 잃어버렸고, 이를 종이에 뜬 탁본조차도 없어졌다가 조선 태조 초기에 누군가가 탁본을 왕에게 바쳐서 이를 바탕으로 천상열차분야지도가 제작됐다는 것이다.

다만 권근과 학자들이 이 천문도를 복원하는 과정에서 여러 가지의 오차 교정이 이루어졌다. 고구려의 천문도는 세월이 1,000년 이상 지났기 때문에 조선 초기 때 보이던 별의 위치와는 차이가 있었을 것이다. 측정 오차도 있겠지만 가장 주요한 원인은 시간이 지남에 따라 지구의 자전축이 미세하게 변하는 세차운동 때문이다. 그래서 지구의 자세에 변화가 생기고 그에 따라 지구에서 보는 하늘 위 별의 위치에도 변화가 생긴다. 이러한 변화가 1,000년 정도 누적된다면 눈에 보일 정도로 차이가 커지기 때문에 천상열차분야지도는 이 차이를 보정해서 만들었다. 여기에 고구려의 천문도는 평양에서 관측한 데이터를 바탕으로 만들었을 것으로 추정되나 조선조는 한성, 즉 지금의 서울을 기준으로 하므로 관측 위치에 따른 차이도 반영되어야 했을 것이다.

현대에 와서 천문학자들이 천상열차분야지도에 나와 있는 별의 위치를 바탕으로 계산해본 결과 중심부는 한성, 바깥쪽은 평양에서 관측한 것으로 밝혀졌다. 중심부에 비해 바깥쪽은 세차운동에 따른 별의 위치 변화가 비교적 작았기 때문에 고구려의 것을 그대로 썼을 것으로 추측된다. 또한 관측이 이루어진 연대도 대략 서기 1세기 안팎으로 추정되어 고구려 시대의 관측 데이터라는 사실에 힘을 실어주고 있다.

천상열차분야지도는 그 이후에 나온 조선의 여러 가지 천문도에도 기본이 되었고 일본에까지 영향을 미쳐서 중국의 천문도에는 없는 종대부 별자리가 일본의 천문도에도 나타난다. 고구려 시대의 천문학 자료가 1,000년을 훌쩍 지나서도 활용될 수 있을 정도로 정교한 수준이었다는 것을 입증해주는 것이다.

이와 같이 우리 천문학의 귀중한 유물인 천상열차분야지도 각석은 그러나 일제강점기를 거치면서 제대로 관리되지 않고 거의 방치되다시피 했다. 1960년대에 창경궁 명정전 추녀 밑 야외에서 이 유물이 발견되었을 때, 각석은 평범한 돌덩어리 취급을 받았다고 한다. 사람들은 그 위에 도시락을 펼쳐놓고 밥을 먹는가 하면 아이들은 각석 위에 모래를 뿌리고 벽돌을 굴리며 장난을 치기까지 했다. 그 가치를 처음으로 알아본 전상운 성신여대 명예교수는 이를 두고, "과학문화재에 대한 인식이 일천하던 때라 그 같은 웃지 못할 일들이 많이 있었다"라고 회고했다.

천상열차분야지도의 가치를 처음으로 학계에 알린 사람은 미국의 월 C. 루퍼스 교수다. 한국 최초의 근대 천문학자인 이원철 박사의 스승이기도 한 루퍼스 교수는 일제강점기인 1936년에 출간한 『한국 천문학』에서 "동양의 천문관이 집약된 섬세하고도 정확한 천문도"라고 평가함으로써 천상열차분야지도의 가치를 전 세계에 알렸다. 이후 많은 연구를 통해서 그 정교함과 정확성이 확인된 천상열차분야지도는 고구려 시대 때부터 조선에 이르는 우리 천문학의 수준을 자랑하는 과학 유산으로 지금까지도 다양한 연구가 이루어지고 있다.

— 혹시 한국의 천문학자 중에 기억에 남는 분이 계신가요?

제가 가장 큰 감명을 받았던 분은 한국인으로서는 처음으로 이학박사 학위를 받고 한국에서 근대적인 천문학과 기상학을 개척했던 이원철 박사입니다. 어려운 가정환경에다 일제의 식민지배로 무척 어렵게 공부했지만 수학과 물리학에 천재적인 재능을 보여서 주위의 도움으로 미국 유학을 가고, 한국인 최초로 미시간대학교에서 이학박사 학위를 받은 분입니다.

지금이야 세계 유수의 대학교에 한국인 유학생들이 있지만 당시에는 혼자서, 그것도 일본에 조국을 빼앗긴 상황에서 박사 학위를 받았다는 것은 정말로 놀라운 의지와 노력이 아니었으면 불가능했을 것입니다.

박사가 된 뒤, 연구 환경이 훨씬 좋은 미국에서도 기회가 많았을 텐데도 한국으로 돌아와서 열악한 환경 속에서 후배들을 양성했고 한국의 독립을 위한 활동을 하다가 일제의 탄압을 받았던 것으로 알고 있습니다. 독립 후에는 한국의 천문학과 기상학의 기반을 구축하기 위해 열과 성을 다했던 것은 말할 것도 없지요. 이원철 박사님과 같은 분들이 있었기에 한국의 천문학이 지금까지 발전해왔을 것이고, 결과적으로는 저도 한국에서 연구 활동을 할 기회를 가지게 되지 않았을까 싶습니다.

한국 최초의 이학박사이자 천문학과 기상학의
기초를 다진 이원철 박사

우남 이원철 박사는 1896년 8월 19일 서울에서 태어났다. 아버지 이중억은 사헌부 감찰을 지냈지만 박사가 여섯 살 되던 해에 세상을 떠나는 바람에 어려운 가정환경 속에서 성장했다. 정규 교육을 받기 전에는 한학을 공부했으며, 이후 보성고등보통학교와 선린상업학교를 졸업하고 1915년 연희전문학교^{지금의 연세대학교} 수물과^{수학물리과}에 첫 기수로 입학했다.

이미 어렸을 때부터 기억력과 계산 능력이 탁월해서 신동으로 소문이 자자했던 재능은 대학교에서도 두각을 보였다. 당시 수학교수로 재직하고 있던 선교사조차도 풀지 못한 어려운 수학 문제를 단 10분 만에 풀어내는가 하면, 3학년 학생 때부터는 대학 통계학 강의를 진행할 정도로 천재성을 보였다.

이원철 박사는 연희전문학교 4학년 때 물리학자 아서 L. 베커 교수가 강의하는 천문학 과목을 들으면서 처음으로 학문으로서 천문학을 접했다. 1919년 연희전문학교를 졸업한 후에는 같은 학교의 전임강사로 활동하다가 그의 재능을 눈여겨본 베커 교수, 그리고 미시간대학교 천문학과 교수로 연희전문학교를 여러 차례 방문해서 현대 천문학을 강의한 바 있고 이원철 박사를 지도한 경험도 있는 윌 C. 루퍼스 박사의 지원을 받아 미국 유학길에 오르게 되었다.

우리나라 최초의 이학박사 이원철 선생

박사는 1922년 1월, 베커 교수가 수학했던 미국 미시간 주 앨비언 칼리지에 학부 4학년생으로 편입하여 5개월 만에 학사 학위를 받았고, 같은 해 6월에는 루퍼스 박사가 교수로 부임해 있던 미시간대학교 대학원 천문학과에 입학했다. 낯선 이국 땅에서 혼자 공부하고 연구하는 고독한 생활을 해야 했지만 박사의 천재성은 미국 땅에서도 빛을 발했다. 대학원에 입학한 지 1년 만에 석사 학위를 받은 이원철 박사는 3년 뒤인 1926년 6월에 한국인 최초로 이학박사 학위를 받았다.

이원철 박사의 학위 논문 주제는 '독수리자리 에타별의 운동'이었다. 독수리자리는 여름 저녁 하늘의 적도 부근에서 찾아볼 수 있는 별자리로 이름처럼 독수리가 날개를 펼친 형상으로 이어지는 별자리다. 독수리자리는 9개의 별로 구성되어 있는데, 이 중 이원철 박사가 관심을 가졌던 별은 독수리자리 에타(η)별이었다. 독수리자리의 다른 별과는 달리 이 별은 밝기가 주기적으로 변하는 특징이 있다.

밝기가 변하는 별이 있다는 사실은 이미 16세기 말부터 관측되어왔고, 이러한 현상이 나타나는 이유를 설명하기 위한 여러 가지 가설이 있었다. 초창기에는 일식이나 월식처럼 다른 별에 부분적으로 가려져서 빛이 막히기 때문에 생기는 현상으로 보는 견해가 많았지만 20세기 초에 들어서 하버드대학교의 천문학자 할로 섀플리가 별 자체가 팽창했다가 수축하면서 밝기가 변한다는 학설, 즉 맥동설을 내놓으면서 학계의 주요한 연구 과제로 떠올랐다.

이원철 박사가 유학 생활을 하던 당시 천문학계에서는 이와 같이 주기적으로 밝기가 변하는 별을 찾아서 그 특징과 원인을 관측하는 연구가 널리 진행되었고, 박사는 독수리자리 에타별을 연구했다. 이 별이 내는 빛의 스펙트럼을 관측하고 정교한 계산을 통해 이 별이 맥동설을 입증할 수 있는 근거가 된다는 사실을 밝혀냈다. 즉 이원철 박사의 논문으로 맥동설은 더욱 과학적인 근거를 가지게 된 것이다. 당시 국내에서는 박사가 독수리자리 에타별을 발견한 것으로 잘못 알려져서 이 별을 '원철성'이라고 부르기도 했다. 정확히는 별 자체는 이미 발견되어 있었고, 이 별이 자체적으로 수축과 팽창을 반복하는 맥동성이라는 사실을 박사가 처음으로 규명한 것이다.

30세에 박사가 된 이원철은 일제강점기 하에서 제대로 된 연구 여건도 갖춰지지 않았던 조국보다는 미국에서 연구 생활을 했다면 더욱 많은 발견과 성과, 그리고 풍족한 생활을 누릴 기회가 있었는데도 박사 학위를 마치자마자 조국으로 돌아오는 길을 선택했다. 이학박사 학위를 받은 바로 그해, 박사는 모교인 연희전문학교의 교수로 부임했다. 천문학자로서 연구 여건이 거의 갖춰지지 않은 형편이라 박사의 활동은 교육에 집중될 수밖에 없었다.

한국인 최초의 이학박사로서, 또한 유일한 현대 천문학자로서 이원철 박사는 모교에서 강의하는 것은 말할 것도 없고 YMCA의 목요강좌를 비롯한 여러 대중강연을 통해서 과학과 천문학에 대한 대중의 관심과 이해를 높이기 위해 애썼다. 1929년 11월, 대중잡지 『삼천리』는 이원철 박사에 대하여 "지금 연희전문학교에서 교편을 잡고 계신 32세의 소장 교수 이원철 씨는 실로 세계적으로 유명한 천문학자임은 아마 제 나라인 조선보다 구미 학자 사회에서 더 많이 알 것입니다"라면서 극찬을 아끼지 않았다.

하지만 제대로 된 연구를 하기 힘든 환경과 더불어 일제의 탄압으로 박사는 갖은 고초를 겪어야 했다. 박사가 연희전문학교 수물과 학과장으로 재직하고 있던 1938년, 일제는 이른바 흥업구락부 사건을 일으켰다. 흥업구락부는 원래 기독교 계열의 사회운동단체로 기독교 기반의 애국 계몽과 실력 양성 운동을 목표로 했지만 일제가 사건을 일으키기 몇 년 전부터 내분과 이탈 사태가 이어지면서 거의 친목단체 수준으로 전락했다. 그러나 중일전쟁을 일으킨 일제는 사회 분위기를 강압적으로 몰고 가기 위해 이미 유명무실해진 흥업구락부 모임을 빌미로 애국지사들을 투옥하고 민족의식을 가진 교수들을 강단에서 내쫓는 구실로 삼았다. 이원철 박사도 이 사건으로 교단에서 쫓겨났으며, 이후 해방 전까지 다시는 교단으로 돌아오지 못했다.

박사가 일제의 눈 밖에 난 것은 민족의 역사와 정기를 보전하려는 활동이 주요한 이유였다. 1935년에 미시간대학교에서 안식년 휴가를 받은 루퍼스 박사는 1년 동안 한국에 머무르면서 천문학에 관련된 우리나라의 고문헌과 유적을 조사했다. 이원철 박사는 이러한 스승의 작업을 처음부터 끝까지 도왔고, 그 결과가 우리나라의 천문학사를 다룬 최초의 영어 논문인 루퍼스 박사의「한국 천문학사」였다. 박사는 교단에서 물러난 후 1940년에는 일제가 조선인에게 창씨개명을 강요했지만 박사는 이를 거절했다. 창씨개명 거절은 일제에 협력하지 않겠다는 것을 뜻하며, 따라서 탄압의 대상이 될 수밖에 없었다. 1942년에는 전시물자 조달이라는 명목으로 박사가 아끼던 망원경마저도 강제로 빼앗기고 말았다.

일제의 탄압으로 한동안 칩거 생활을 해야 했던 박사가 다시 활동을 시작한 것은 해방 이후였다. 일본인들이 조선총독부 기상대의 자료들을 일본으로 빼돌린다는 사실을 알아챈 박사는 미군정 장관인 존 리드 하지 중장을 찾아가 미군의 방조에 대해 항의했는데, 이 일이 계기가 되어 이원철 박사는 1945년 9월 미군정청 산하 문교부 학무국 기상과장 및 지금의 기상청에 해당하는 중앙관상대장직을 맡게 되었다. 즉 대한민국 기상청의 기틀을 만드는 중요한 책무가 박사에게 주어진 것이다.

당시 중앙관상대에 절대적으로 부족한 것은 전문성을 갖춘 인력이었다. 박사는 빠른 시간 안에 대규모의 기상 관련 인력을 양성하기 위해 기상기술원양성소를 세우고 관상대 실습학교를 만들었고,

이원철 박사가 도입하여 연세대학교 언더우드관 옥상에 설치한 천체망원경

전국 각지에 출장소와 측후소를 세워서 기상 관측 인프라를 빠르게 구축해 나갔다. 또한 해방 이후 혼란 속에서 편찬이 중단되었던 역서를 다시 발간하여 민생에도 큰 도움을 주었다.

16년 동안 중앙관상대장을 맡으면서 한국의 기상학과 천문학의 기틀을 다진 이원철 박사는 인하공대 초대학장과 연세대학교 재단 이사장, YMCA 이사장과 같은 직책을 맡으면서 교육활동과 사회활동에 전념하다가 1963년 서울 갈월동 자택에서 조용히 숨을 거두었다.

조국의 과학기술에 평생을 바친 이원철 박사는 이러한 활동에

매진하느라 결혼도 하지 않고 자녀도 두지 않았으며, 세상을 떠날 때에는 전 재산을 YMCA 재단에 기부함으로써 많은 사람에게 다시 한 번 큰 감동을 주었다.

　2006년 한국천문연구원과 연세대는 소행성 '2002DB1'을 공동으로 발견했으며, 국제천문연맹IAU 산하 소행성센터는 이 별의 정식 명칭을 '이원철Leewonchul'이라고 붙였다. 한국인의 이름을 붙인 별은 여러 개가 있지만 장영실이나 최무선처럼 역사적인 인물의 이름이 주로 쓰였다. 현대적인 의미의 한국 과학자 이름이 별의 명칭으로 사용된 것은 이원철 박사가 최초다. 일제강점기와 해방 후의 혼란기, 그리고 근대화의 길에 막 접어든 시점에 이르기까지, 현대사의 격동 속에서 과학자로서 또한 한국인으로서 천문학에 큰 발자취를 남긴 이원철 박사의 이름을 가진 별은 오늘도 밤하늘의 한곳을 수놓고 있다.

— 한국 천문학이 가진 강점 또는 앞으로의 전망에 대해서는 어떻게 생각하고 계신지요?

무엇보다도 정부의 기초과학에 대한 투자가 지속적으로 확대되고 있는 것은 한국 천문학에 무척 희망적인 흐름입니다. 유럽이 글로벌 경제위기 이후로 정부의 지원이 감소하는 추세인 것과는 반대입니다. 과학 발전을 위해서는 장기적인 안목의 투자가 필요한데, 그런 면에서 한국은 좋은 흐름으로 가고 있다고 생각합니다.

또한 국제적인 공조 프로젝트에 적극 참여하고 있는 것 역시 한국 천문학의 발전에 큰 도움이 될 것이라고 생각합니다. 예를 들어 칠레에 건설되고 있는 초대형 지상 천체망원경인 거대마젤란망원경GMT, Giant Magellan Telescope 프로젝트에 한국은 K-GMT라는 이름으로 참여하여 10%의 지분을 가지고 있습니다. 무려 8m 크기의 오목거

세계적인 연구진이 참여하여 칠레에 건설하고 있는 거대마젤란망원경의 가상 이미지

울을 일곱 개 사용하는 굉장히 큰 망원경입니다. 천문연구원 앞마당에 똑같은 크기의 원을 일곱 개 그려놨는데 그걸 보시면 이 망원경이 얼마나 거대한지 실감이 날 겁니다. 미국과 호주, 브라질을 비롯한 여러 나라가 투자에 참여한 이 프로젝트에 한국도 10%의 지분을 투자함으로써 1년에 한 달 이상 세계 최고 성능의 천체망원경을 사용할 수 있는 권리를 가지게 됩니다.

천문학에 관한 인프라는 점점 대형화되고 정밀해지고 있으며, 그에 따라 막대한 자금을 필요로 합니다. 이러한 인프라를 단독으로 구축할 수 있는 나라는 미국을 비롯해서 손에 꼽을 정도일 것입니다. 미국조차도 최근에는 거대마젤란망원경처럼 단독보다는 국제 공조 프로젝트를 추진하고 있습니다. 한국은 최근 들어 국제적인 대형 프로젝트에 참여하고 일정한 지분을 획득하는 투자에 적극적으로 나서고 있습니다. 이는 제한된 예산을 가지고 최대한 효율적으로 활용하는 방안으로 한국 천문학계에 큰 도움이 될 것입니다.

한국이 참여하는 세계 최대의
거대마젤란망원경 프로젝트

망원경은 볼록렌즈^{굴절망원경}나 오목거울^{반사망원경}을 사용하여 빛을 모으는 것이 기본 원리다. 따라서 망원경이 클수록 모을 수 있는 빛도 더 많아져서 더 멀리 있는 별, 더 작은 별, 빛이 더 약한 별을 관측할 수 있다. 기존에 발견했던 별이라고 해도 더욱 또렷하고 자세하게 관측할 수 있어서 많은 비밀을 찾아낼 수 있다. 인간이 우주에 대해서 더 많이 알아갈수록, 새로운 별을 더 많이 발견할수록, 그보다 더 많은 별을 찾아내고 더 많은 우주의 비밀을 밝혀내기 위한 욕구도 함께 커간다. 그에 따라 망원경도 점점 더 대형화되고 있다. 허블망원경이나 케플러망원경처럼 우주로 망원경을 쏘아 올려서 우주 공간에서 관측하기도 한다.

　2016년을 기준으로 가장 큰 천체망원경은 스페인령 카나리아제도에 건축된 그랑 텔레스코피오 카나리아스^{Gran Telescopio Canarias}라는 망원경이다. 천문대에서 사용하는 대형 천체망원경은 대부분 오목거울을 사용한 반사망원경이다. 이들의 크기를 비교할 때에는 주경primary mirror, 즉 우주에서 오는 빛을 모으는 오목거울의 크기를 기준으로 하는 것이 보통이다. 과거에는 하나의 오목거울로 주경을 만들었지만 망원경이 점점 커지면서 한계에 다다랐고, 그래서 최근의 대형 천체망원경은 여러 개의 오목거울을 조합하는 방식으로 주경을 만든다. 그랑 텔레스코피오 카나리아스 역시 여러 주경을 합쳐서 한 개의 거울이라고 가정했을 때의 유효 지름이 무려 10.4m나 되고 빛을 모을 수 있는 면적은 78.54m²에 이른다.

그러나 최근 들어 과학 선진국들은 경쟁적으로 더욱 큰 천체망원경을 계획하고 건설하는 중이다. 가장 주목받고 있는 거대 망원경 프로젝트는 유럽초거대망원경European Extremely Large Telescope, 30미터 망원경Thirty Meter Telescope, 그리고 거대마젤란망원경GMT, Giant Magellan Telescope이 있다. 이 가운데 가장 먼저 완성될 예정인 망원경이 한국천문연구원이 참여하고 있는 거대마젤란망원경GMT이다.

GMT는 지름이 8.365m인 오목거울 일곱 개로 구성되어 주경의 유효 지름이 25.448m에 이른다. 현재 가장 큰 망원경인 그랑 텔레스코피오 카나리아스의 약 2.5배에 이르는 크기다. 빛을 모을 수 있는 면적은 무려 368m²로 4.7배 가까이 된다. 망원경의 높이는 무려 61m, 일곱 개의 오목거울 각각의 무게는 12.5t, 가동되는 부분의 무게는 1,100t에 이를 정도로, 이름에 걸맞은 '거대한' 구조물이다.

망원경에 사용되는 오목거울은 크기도 크기지만 제작 기간도 굉장히 오래 걸린다. 유리 소재로 거울을 주조하는 시간이 12주에서

거대 망원경 프로젝트는 유럽초거대망원경, 30미터망원경,
그리고 거대마젤란망원경이 있다. 이 가운데 가장 먼저
완성될 예정인 망원경이 한국천문연구원이 참여하고 있는
거대마젤란망원경이다.

130억 광년이 넘는 거리의 천체도 자세히 관측할 수 있는 거대마젤란망원경의 가상 이미지

13주가 걸리고 식히는 시간이 6개월 정도 걸린다. 천천히 식힐수록 입자가 작고 고르게 만들어지기 때문이다. 여기에 거대한 거울의 표면을 고르게, 그리고 정확한 곡면을 만들기 위해 갈아낸 후에 반사면을 만들려면 추가로 6년 반이 더 걸린다.

이 망원경은 우주에 떠 있는 허블망원경보다도 해상도가 10배 이상 높아서 무려 130억 광년이 넘는 거리의 천체도 자세하게 관측할 수 있는 성능을 가지고 있다. 2016년 3월 허블우주망원경은 지구에서 약 134억 광년 떨어진 은하 GN−z11을 관측했는데, 허블우주망원경이 이 은하의 어렴풋한 모양 정도를 관측한 정도였다면 10배 이상의 해상도를 가진 GMT는 이 은하를 훨씬 자세하게 들여다볼 수 있을 것이다.

멀리 떨어져 있는 별일수록 우주 탄생 후 더 일찍 만들어졌다는 뜻이 된다. 우주는 계속해서 팽창하고 있기 때문에 일찍 태어난 별일수록 우주의 먼 쪽에 있는 것이다. GN-z11은 우주 탄생, 즉 빅뱅 후 4억 년 후에 만들어진 것으로 추정되고 있다. 이는 우리가 우주 탄생 후 97%에 해당하는 역사를 관측하는 데 성공했다는 것을 의미한다. GMT가 완성되면 GN-z11보다 더욱 멀리 떨어진, 즉 더 일찍 태어난 별과 은하를 관측하는 데에도 도움이 될 것이다. 즉 우리가 우주의 역사, 그리고 우주의 탄생 초기에 관한 더욱 많은 자료를 얻을 수 있다는 뜻이며 천문학을 한 단계 끌어올리는 계기가 될 것으로 기대된다.

GMT는 남아메리카의 칠레 코킴보 주에 있는 라스 캄파나스에 세워진다. 이곳의 기후는 건조하고 맑은 날씨가 유지되기 때문에 1년 중 80%를 관측에 사용할 수 있을 정도여서 미국 하와이의 마우나케아 천문대와 함께 세계에서 가장 천체 관측을 하기 좋은 곳 중 하나로 손꼽힌다. 라스 캄파나스에는 이미 6.5m 규모의 마젤란망원경을 비롯한 여러 관측 시설이 가동되고 있다. 25m가 넘는 규모인 거대마젤란망원경은 이름처럼 기존의 마젤란망원경보다 훨씬 '거대한' 규모로 건설되고 있다.

GMT는 2005년에 첫 번째 오목거울을 만들면서 본격적으로 프로젝트가 시작되었고, 2015년에는 망원경 구조물의 공사가 시작되었다. 2020년에 망원경의 구조물이 완성되면 2021년에 첫 관측을 시작할 예정이다. 오목거울 일곱 개 중 2021년까지 네 개가 장착되면 관측을 시작하고, 2025년에는 거울 일곱 개를 모두 장착하고 본격적인 관측 활동을 벌일 계획이다.

GMT는 망원경 자체의 규모도 거대하지만 10억 달러라는 말 그대로 '천문학적인' 비용을 필요로 한다. GMT는 거대마젤란망원경기구GMTO라는 국제 컨소시엄이 주도하고 있다. 여기에는 한국천문연구원 이외에도 하버드대학교, 미국 카네기과학연구소, 스미소니언연구소, 텍사스A&M대학교, 애리조나대학교, 시카고대학교, 텍사스오스틴대학교, 호주천문재단, 호주국립대학, 그리고 브라질 상파울루연구재단이 참여하고 있다.

한국천문연구원은 10%의 지분을 투자하고 있기 때문에 GMT가 완성되면 한국은 1년 중 10%의 기간, 즉 한 달이 조금 넘는 시간 동안 이 망원경을 이용할 수 있다. 한국에 있는 가장 큰 망원경은 경상북도 영천시 보현산 천문대에 설치된 지름 1.8m 규모의 망원경이다. 이에 비해 200배 정도의 성능을 자랑하는 GMT를 1년에 한 달가량 사용할 수 있는 권리를 얻게 되면 한국의 천문학도 비약적으로 발전할 것으로 기대된다. 그 밖에도 한국천문연구원은 국내의 한계를 뛰어넘기 위해 해외의 4~8m급 중대형 망원경 활용 사업을 통해 현대 천문학에 필수적인 대형 관측 장비를 활용할 수 있는 다양한 방안을 마련하고 있다.

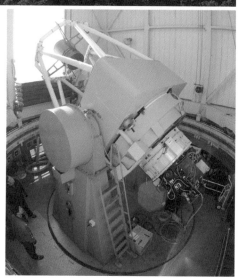

한국에 있는 가장 큰 망원경은 경상북도 영천시
보현산 천문대에 설치된 지름 1.8m 규모의 망원경이다.
이에 비해 200배 정도의 성능을 자랑하는 GMT를
1년에 한 달가량 사용할 수 있는 권리를 얻게 되면
한국의 천문학도 비약적으로 발전할 것으로 기대된다.

— 한국에서 연구 이외에도 다양한 활동을 해오신 것으로 알고 있습니다. 그중에서 기억에 남는 일이 있으면 소개해주세요.

과학자로서 연구도 중요하지만 한편으로는 대중이 천문학에 좀 더 관심을 가지고 천문학과 친숙해질 수 있도록 돕는 것도 중요하다고 생각합니다. 첫째로, 과학 연구에는 정부의 투자가 필수적이고, 이러한 투자는 한국 국민의 세금을 기반으로 합니다. 저 역시 한국 국민의 도움으로 연구 활동을 하고 있는 셈이므로, 여기에 보답할 필요가 있다고 생각합니다. 대중이 천문학에 관심을 가지고 천문학에 대한 이해가 잘 이루어져야 더 많은 투자도 가능할 것입니다. 물론 이러한 활동이 개인적으로 재미있고 보람되기도 합니다.

가장 기억에 남는 활동이라면 연구교육R&E, Research&Education 프로그램으로 2014년에 대전과학고등학교 학생들과 진행했던 유성 관측 연구였습니다. 그해 3월에 진주에 유성이 떨어지고 운석이 잇달아 발견되면서 많은 화제를 낳았지만 당시 한국에는 체계적인 유성 관측 시스템이 갖춰지지 않은 상태였습니다. 유성의 궤적을 알아내는 연구를 진행하면서 학생들과 함께 관측용 카메라를 직접 제작하고, 소백산과 보현산 천문대에 카메라를 설치하는 작업도 학생들과 함께 했습니다.

이러한 관측 카메라를 통해 들어온 유성 관측 데이터를 가지고 학생들과 함께 최신 궤도 분석 소프트웨어를 사용해 유성의 궤적을 분석해내는 데 성공했고 그 결과를 한국천문학회의 정기학술대회에서 발표했습니다. 학생들은 말할 것도 없고 저 역시 무척 즐거운 경험이었습니다. 처음에는 아이디어 말고는 아무것도 없는 상태였습니다. 프로젝트를 진행하면서 학생들은 틀에 얽매이지 않는 창의적인 아이디어를 개발했고 5개월 후 우리는 한국 최초로 유성 궤적 관측 시스템을 만들 수 있었습니다. 이러한 활동들을 통해서 더 많은 학생이 천문학에 흥미와 관심을 가지게 된다면 미래에 세계 천문학계를 주도해나갈 한국인 천문학자들이 나올 수 있을 것이라고 기대합니다.

태양이 두 개 뜨는 행성을
최초로 발견한 나라는 어디일까?

1995년에 외계 행성이 최초로 발견된 이후 천문학계에서는 외계 행성을 탐색하는 연구가 폭발적으로 증가했다. 외계 행성, 즉 태양계의 행성들처럼 태양계 바깥 항성 주위를 도는 행성의 발견은 천문학 및 우주과학에 대단히 중요한 의미를 지닌다. 무엇보다도 지구처럼 생명체가 존재할 수 있는 환경을 가진 행성이 있을 가능성 때문이다. 태양처럼 스스로 열과 빛을 내뿜는 항성에서는 생명체가 살기 어렵다. 지구처럼 항성과 적당한 거리를 두고 열과 빛을 받는 행성이 생명체가 살 수 있는 확률이 훨씬 더 높다. 외계 행성 발견으로 외계 생명체를 발견하거나 지구와 비슷한 환경, 즉 지구의 생물이 살 수 있는 환경을 가진 행성을 찾아낼 가능성이 훨씬 높아진 것이다.

외계 행성에 관한 연구가 붐을 이루기 시작한 2011년 9월, 미항공우주국NASA은 태양이 두 개인 행성을 세계 최초로 발견했다고 발표했다. 영화 〈스타워즈〉에서 주인공 루크 스카이워커의 고향 행성인 타투인에는 태양이 두 개 뜨는 모습이 보이는데, 이와 같은 별이 실제로 존재한다는 사실을 밝혀낸 것이다. 사실 우주에는 태양과 같은 항성이 두 개가 한 쌍으로 존재하는 경우가 많다. 이를 쌍성이라고 하는데 우주에 있는 별 가운데 50% 이상이 쌍성 형태로 존재하는 것으로 알려져 있다. 이러한 쌍성 주위를 공전하는 행성을 최초로 찾아냈다는 것이 NASA의 발표였다.

그런데 NASA의 발견에 관한 보도가 나가자 논란이 벌어졌다. NASA가 발표하기 2년 7개월 전에 이미 태양이 두 개인 행성을 발견한 논문이 있었기 때문이다. 2009년 미국 천문학회지 2월호에 게재된 「The sdB+M Eclipsing System HW Virginis and its Circumbinary Planets」 논문이 그것으로, 미국 천문학회지에 따르면 2009~2010년까지 2년 동안 가장 많이 인용된 논문 5편 가운데 하나였다. 나머지 4편의 논문은 대형 관측 장비를 이용한 장기 탐색 관측 결과였기 때문에 다른 논문의 자료 데이터로 많이 인용될 수밖에 없는 특성이 있는 반면, 이 논문은 단일한 천체의 특성을 규명한 것으로 이 발견의 중요도를 입증해주고 있다. 그렇다면 이 논문을 만든 주역은 누구일까?

이 논문의 주인공은 한국천문연구원 광학적외선천문연구본부의 이재우, 김승리 박사, 그리고 충북대학교 김천휘 교수를 비롯한 국내외 학자 일곱 명으로 이루어졌으며 대표저자는 이재우 박사다. NASA는 2009년 우주로 쏘아 올린 95cm 규모의 케플러우주망원경을 사용하여 두 개의 태양을 가진 행성을 찾아낸 데 반해, 한국의 연구진은 소백산 천문대의 61cm 망원경과 충북대 천문우주학과의 35cm 망원경을 사용해서 9년 동안 연구한 끝에 발견한 성과였다. 우주망원경과 같은 첨단 관측 장비가 부족한 한국의 연구진은 어떻게 NASA보다 한 발 먼저 이런 행성을 찾아낼 수 있었을까?

한국의 연구진은 '식蝕, eclipse' 현상을 이용했다. 식이란 어떤 별이 다른 별을 가리면서 그 뒤의 별이 보이지 않거나 빛이 상당 부분 가로막혀서 별의 밝기에 변화가 생기는 현상을 뜻한다. 일식이나 월식은 우리에게도 친숙한 현상인데 우주를 관측하면서 별의 특성이나 운동을 관측할 때 아주 중요하게 활용된다. 앞서 두 개가 한 쌍으로 존재하는 항성을 '쌍성'이라고 부른다고 이야기했는데 이 별이 서로 운동을 하면서 한 별이 주기적으로 다른 별을 가리는 현상이 나타나는 경우가 있다. 이를 '식쌍성'이라고 한다.

한국의 연구진이 착안한 것은 바로 이 현상이었다. 어떤 쌍성이 주기적으로 식 현상을 일으키면서 밝기가 규칙적으로 변하는데, 만약 이 두 개의 별을 공전하는 행성이 있다면? 공전을 하는 과정에서 행성이 식쌍성을 가리는 순간이 생길 수 있다. 그러면 식쌍성의 밝기 변화 규칙에 변동이 일어난다. 바로 이 현상을 이용해서 한국 연구진은 처녀자리 방향으로 590광년 정도 떨어진, 두 개의 태양을 가진 행성을 찾아낸 것이다.

그 전까지 두 개 이상의 항성을 공전하는 행성에 대한 생각은 있었지만 천문학계에서는 실제 가능성을 낮게 보았다. 공전은 만유인력을 기반으로 하는데 태양이 두 개가 되면 만유인력의 관계가 훨

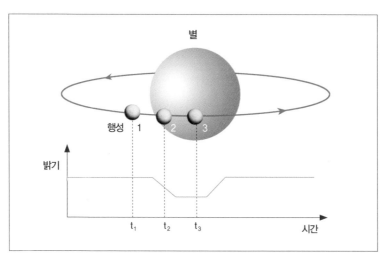

천체가 다른 천체에 가려 보이지 않거나 밝기에 변화가 생기는 '식' 현상

썬 복잡해지기 때문에 안정적인 공전이 어려워서 행성이 살아남기 어렵다고 본 것이다. 그런데 한국의 연구진은 이러한 조건 안에서도 행성이 살아남는다는 사실을 발견해낸 것이다.

사실 이 논문이 발표되었을 때 NASA의 로렌스 도일 박사는 이재우 연구원에게 축하 이메일을 보내기까지 했다고 한다. 도일 박사는 2011년 NASA가 찾아낸 행성에 관한 논문의 대표저자다. 그런데 NASA는 왜 자기들이 세계 최초라고 주장하는 것일까? NASA는 한국 연구진의 발견은 간접적인 증거를 통한 것이고 자신들은 케플러망원경을 사용한 관측으로 200광년 떨어진 행성에서 '직접적인' 증거를 발견했기 때문에 최초라고 주장한 것이다. 반면 한국 연구진들은 한국과 미국의 방법 모두 천문학에서 오랫동안 사용되어 온 방법이라는 견해를 보이고 있다.

　물론 한국 연구진이 발견한 행성은 국제 천문학계에서 두 개의 태양을 가진 행성으로 인정받았으며, 그 이후 세계 연구진들은 이러한 행성들을 속속 발견하고 있다. 가장 최근의 성과는 한국 천문연구원의 토비아스 힌세 선임연구원과 미국 샌디에이고의 윌리엄 웰쉬 교수 등 케플러우주망원경 워킹그룹이 국제 공동연구를 통해 10번째로 발견한 행성, 케플러-453b이다.

— 앞으로 한국의 천문학이 발전하는 데 도움이 될 만한 조언을 부탁드
   립니다.

한국의 천문학은 기본적으로 좋은 방향으로 나아가고 있고, 빠르게
발전하고 있다고 생각합니다. 그동안 한국에서 뛰어난 재능과 가능
성을 가진 과학자들을 많이 보았고 현재도 좋은 성과를 내고 있으
며, 앞으로 성장 잠재력도 충분하다고 생각합니다. 지금까지 한국
에서 연구 활동을 해온 경험에 비추어볼 때 학자들 사이에 좀 더 많
은 소통이 이루어진다면 발전과 혁신의 속도를 높이는 데 도움이
될 것입니다.

한국에는 연장자나 선배를 존중하고 공경하는 문화가 있습니다.
이러한 문화는 오래전부터 내려온 가치 있는 문화이겠습니다만, 한
편으로는 선후배 사이 또는 교수와 학생 사이에 좀 더 열린 소통이
이루어지고 선입견 없이 서로의 이야기에 귀 기울인다면 더욱 좋은
결과를 낳을 수 있지 않을까 생각합니다.

서로가 자유롭게 생각을 말하고, 질문을 던지면서 공유되는 환
경은 과학 발전에 무척 중요합니다. 과학의 역사를 보아도 혁신적
인 발견이나 이론은 틀에 얽매이지 않는 젊은 과학자의 생각에서
비롯되는 경우가 종종 있었습니다.

— 사람들은 천문학자라고 하면 망원경으로 별을 관측하는 것이 직업인
   사람이라고 생각하지 않을까 합니다. 실생활과는 거리가 먼 학문이
   라고 생각할 수도 있을 텐데요, 어떻게 생각하십니까?

아까 달력에 관한 이야기를 했을 때처럼 인류 역사에서 천문학은 가장 오래된 과학 가운데 하나이고, 인류 생활에 아주 중요한 역할을 해왔습니다. 지금도 천문학은 실생활과 밀접한 관계를 가지고 있습니다.

당장 피부에 와 닿는 예로, 우리가 요즈음 스마트폰에서 많이 사용하고 있는 지도 서비스, 그리고 내비게이션은 천체를 통해 지상의 위치와 시각을 파악하는 위치천문학을 빼놓고는 생각할 수 없습니다. 과거에는 배의 선원들이 별을 관측하면서 배가 지금 지도 위 어디에 있는지 파악했던 것처럼 GPS^{Global Positioning System}는 인공위성을 통해 정확한 위치를 지도 위에 표시하는 것입니다. 천문학은 순수한 학문으로서만이 아니라 산업 면에서도 큰 가치가 있으며 앞으로 그 중요성은 더욱 커질 것입니다.

최근 들어서는 우주를 상대로 한 비즈니스도 발전하고 있습니다. 인터넷 쇼핑몰 아마존으로 유명한 제프 베조스가 설립한 블루오리진, 테슬라 전기자동차로 잘 알려진 일론 머스크의 스페이스X와 같은 벤처 기업들이 그 대표적인 예일 것입니다. 구글을 비롯한 혁신 기업도 우주에 관심을 가지고 투자를 확대해나가고 있습니다. 앞으로 천문학의 가능성은 비즈니스 면에서도 무궁무진할 것입니다.

— 과학자의 길로 나아가려는 청소년들 중에 천문학에 관심을 갖는 사람들도 있을 것입니다. 천문학이 가진 매력이라면 무엇일까요?

천문학은 과학의 종합체라고 할 수 있습니다. 천문학자는 천문학

그 자체만이 아니라 다양한 방면의 과학기술을 잘 이해해야 합니다. 물리학과 수학은 기본에 속합니다. 화학 지식도 중요합니다. 별에서 나오는 빛의 스펙트럼을 분석해서 온도는 어느 정도인지, 표면에 물이 있는지, 산소나 오존, 메탄과 같은 기체의 조성은 어떤지를 파악해야 하기 때문입니다.

그리고 우주를 관측하기 위한 GMT와 같은 대형 망원경을 만들기 위해서는 기계공학자와 건축학자를 비롯한 다양한 방면의 전문가와 협력해야 합니다. 최근에는 외계 생명체의 가능성이나 사람이 다른 별에서 살 수 있는 가능성을 탐구하는 분야도 발전하고 있기 때문에 이를 위해서는 생물학에 관한 전문지식도 필요합니다.

천문학 연구 과정에서는 시시각각으로 상상을 초월하는 막대한 데이터가 들어옵니다. 이를 분석하기 위해서는 고성능 컴퓨터 또는 슈퍼컴퓨터의 도움이 필요합니다. 또한 내가 진행하는 연구에 필요한 데이터를 추출해내기 위해서는 그에 맞는 소프트웨어를 따로 개발해야 할 수도 있습니다. 따라서 소프트웨어 개발자와 협력하거나 직접 프로그래밍을 해야 할 수도 있습니다.

또한 디지털카메라에서 필름 구실을 하는 센서가 CCD인데, 천체망원경으로 관측한 장면을 이미지 데이터로 저장하기 위해서는 CCD가 필요합니다. 천체 관측용 망원경에는 일반적인 디지털카메라보다 훨씬 고성능의 CCD를 필요로 합니다. 굉장히 정밀한 이미지 데이터가 필요한 데다가 일반적인 카메라보다 들어오는 빛이 훨씬 약하기 때문입니다. 사실 CCD 기술의 발전은 천문학과 밀접한 관련이 있습니다. 이는 전자공학의 영역에 속하겠지요.

천문학자는 각 분야 과학의 첨단을 모아서 마치 오케스트라를 지휘하듯이 조화롭게 활용할 수 있어야 합니다. 그런 면에서 천문학은 세상을 가다듬고 정제하는 학문이라고 할 수 있습니다.

또한 천문학은 인류와 함께해온 역사가 오래됐는데도 아직 많은 부분이 미지의 영역으로 남아 있습니다. 사실 태양계가 아닌 외계에도 행성이 존재한다는 사실이 입증된 것은 1995년으로, 지금으로부터 20년 남짓에 불과합니다. 이 발견은 외계 행성에 관한 연구의 도화선이 되어 폭발적으로 연구 성과들이 쏟아졌고 많은 외계 행성들이 속속 발견되었지만 여전히 빙산의 일각에도 미치지 못하고 있습니다.

지구와 비슷한 조건이나 환경을 가진 행성, 즉 언젠가는 인류가 이주해서 살 수도 있는 행성의 존재를 찾는 연구가 본격적으로 이루어진 지는 얼마 되지 않습니다. 따라서 천문학의 가능성은 무궁무진합니다.

2전 3기의 성공,
한국 최초의 우주발사체 나로호

2013년 1월 30일 오후 4시, 전라남도 고흥군 외나로도에 자리 잡은 한국항공우주연구원 나로우주센터에서는 굉음과 함께 거친 화염을 내뿜으며 거대한 물체가 하늘을 향해 날아오르기 시작했다. 54초 후에 이 물체는 음속을 돌파했고, 3분 51초 후에는 아래쪽 반이 분리되어 바다로 떨어졌다. 오후 4시 9분, 계속해서 날아오르던 나머지 위쪽 반은 지구 대기권을 벗어나 우주 공간에 다다랐다. 두 번의 실패를 딛고 한국 최초의 우주발사체 KSLV-I^{Korea Space Launch Vehicle-I} 나로호가 인공위성을 우주 궤도에 무사히 올려놓는 데 성공한 순간이었다.

인간의 우주에 대한 꿈은 단순히 땅 위에서 우주를 관측하는 것으로 그치지 않고, 직접 우주 공간으로 나아가는 데에까지 이어졌다. 1957년 10월 4일 당시 소련^{지금의 러시아}은 최초의 인공위성인 스푸트니크 1호를 발사했고 1961년 4월 12일에는 유리 가가린이 지구

바깥의 우주 공간에 90분 동안 머물러서 세계 최초의 우주인이 되었다. 그 이후로 우주 공간을 둘러싼 강대국들의 경쟁은 가속화되었다. 1969년 7월 20일, 미국의 닐 암스트롱이 최초로 달 표면에 발자국을 남김으로써 우주를 향한 인류의 꿈에 절정을 이루었다. 그 이후에도 우주왕복선 개발, 우주정거장 개발을 비롯해서 선진국들은 우주 개발 경쟁을 치열하게 벌여왔다.

그에 비하면 한국의 우주 개발은 역사가 훨씬 짧다. 한국 최초의 인공위성은 1992년 8월 11일에 발사된 우리별 1호다. 이어 1993년 9월 26일에는 우리별 2호가 발사되었다. 우리별 1호는 개발 과정 전체가 영국에서 진행되었지만 이를 통해 얻은 기술을 바탕으로 우리별 2호는 전체 제작 과정이 한국에서 이루어졌다. 1999년 5월 26일에는 외국의 기술 이전 없이 설계 과정까지 한국에서 독자적으로 진행한 우리별 3호가 성공적으로 발사되었다. 우리별 3호는 당시 세계 최고 성능의 소형위성이라는 찬사를 받으면서 한국의 인공위성 기술을 세계적으로 주목받게 했다.

그 이후에도 한국은 과학위성과 통신위성을 비롯한 여러 가지 인공위성을 제작하고 성공적으로 우주 공간에 보냄으로써 짧은 역사인데도 인공위성 강국으로 나아가는 기반을 다졌다. 그러나 한 가지 결정적인 문제가 있었다. 바로 발사체였다. 인공위성을 우주로 쏘아 보내기 위한 발사체, 즉 우주 로켓 기술이 없었기 때문에 한국의 인공위성은 모두 외국의 로켓에 실려 외국에서 발사되었다. 대한민국이 진정한 우주 강국으로 선진국들과 어깨를 나란

1999년 5월 26일에는 외국의 기술 이전 없이
설계 과정까지 한국에서 독자적으로 진행한
우리별 3호가 성공적으로 발사되었다.
우리별 3호는 당시 세계 최고 성능의 소형위성이라는
찬사를 받으면서 한국의 인공위성 기술을
세계적으로 알리는 데 기여했다.

히 하려면 인공위성만이 아니라 발사체를 만드는 기술을 개발해야 했다. 이에 따라 정부에서는 1996년 국가우주개발 중장기계획(1996~2015)을 통해 처음으로 우주발사체의 국내 개발을 계획하기 시작했다.

한국형 우주발사체인 KSLV-I, 즉 나로호의 개발은 2002년부터 본격적으로 시작되었다. 당장 우주 로켓을 만들 수 없었던 한국은 러시아와의 국제 협력을 통해서 나로호 개발에 나섰다. 나로호는 2단 구조로 설계되었다. 땅에서 중력을 뿌리치고 로켓을 하늘 위로 쏘아 보내는 1단 로켓은 러시아가, 1단 로켓의 추진력을 바탕으로 우주 공간까지 날아가서 인공위성을 궤도에 올려놓는 2단 로켓, 즉 킥모터kick motor는 한국에서 제작했다.

여러 차례 발사가 연기된 후, 드디어 나로호의 발사 날짜가 2009년 8월 19일로 결정되었다. 하지만 과정은 순탄치 않았다. 발사 7분 56초 전 소프트웨어에 문제가 발견되면서 발사가 중지되었다. 결국 8월 25일로 연기되었고, 드디어 나로호가 하늘로 날아오르기 시작했다. 1단 로켓이 순조롭게 분리되고, 2단 로켓이 순조롭게 우주공간으로 올라간 듯했으나…… 인공위성을 궤도에 올려놓는 데에는 실패하고 말았다.

실패 원인으로는 페어링이 지목되었다. 페어링이란 로켓의 꼭대기에 있는 인공위성을 감싸는 덮개를 뜻한다. 로켓이 지구의 대기권을 탈출하는 과정에서 엄청난 열과 마찰이 일어난다. 따라서 인공위성을 보호하기 위해서 두 개의 조각으로 구성된 페어링으로 인공위성을 덮는다. 그런데 일단 대기권을 벗어나면 더 이상 이러한 보호가 필요하지 않기 때문에 페어링을 떼어낸다. 페어링은 한쪽의 무게가 300kg이 넘는 무거운 부품이라 더 이상 보호가 필요 없다면 이를 떼어내어 로켓 무게를 가볍게 해야 충분한 속도를 내서 원하는 궤도까지 갈 수 있기 때문이다.

1차 발사의 실패 원인은 이 페어링 두 개 중 하나가 제때 로켓에서 떨어져 나가지 못했기 때문이다. 즉 좌우로 나뉘어 있던 페어링 중 하나만 떨어져 나가면서 로켓이 충분히 가벼워지지 않았기 때문에 로켓 속도가 떨어졌고, 게다가 로켓의 좌우 무게가 균형이 맞지 않아서 올바른 궤도로 날아가지 못하고 비틀거리는 현상까지 일어났다. 이 때문에 결국 1차 발사는 실패로 돌아가고 말았다.

2차 발사는 2010년 6월 9일로 예정되었다. 하지만 소방 시설 문제로 발사가 하루 연기되어 6월 10일 오후 5시 1분, 다시 한 번 나로호는 고흥 우주센터를 박차고 우주를 향해 날아올랐다. 그러나 발사 137초 후, 하얀 빛을 내면서 점점 작은 점으로 멀어져가던 나로호가 갑자기 검은 연기를 내기 시작하더니 반짝하는 섬광이 보였다. 그리고 몇 초 후, 나로호는 흰 연기로 바뀌면서 아래로 떨어지기 시작했다. 두 번째 실패였다.

2차 발사의 실패 원인을 놓고서는 한국과 러시아 사이에 의견이 분분했다. 러시아 측은 한국이 제작한 2단 로켓, 즉 킥모터가 잘못 작동되어서 벌어진 일이라고 주장했고, 한국 측은 1단 로켓의 연료가 새어 나왔거나 1단과 2단을 분리하는 부분이 잘못 작동되어 벌

나로호 발사 장면

어진 일이라고 반박했다. 몇 개월에 걸쳐 공동 조사를 했음에도 정확한 원인이 무엇인지는 결론 내리지 못했다.

두 번의 발사 실패로 국민들의 실망은 이만저만이 아니었다. 한편에서는 한국은 아직 발사체를 쏘아 올릴 만한 실력이 못 된다는 자조 섞인 목소리도 나왔다. 그럼에도 한국의 연구진들은 포기하지 않고 세 번째 도전에 나섰다. 이번에도 실패하면 어쩌면 우주발사체 계획은 상당 기간 차질을 빚을지도 모르는 상황이었다. 2013년 1월 30일 오후 4시, 결국 한국은 감격적인 첫 우주발사체의 발사 성공이라는 쾌거를 거두었다. 세계에서 열한 번째로 자국 기술로 우주발사체를 성공적으로 발사한 국가에 이름을 올리는 순간이었다.

비록 두 번의 실패 끝에 발사에 성공했지만 두 번의 실패는 결코

무의미한 것이 아니었다. 미국과 러시아 역시 수많은 실패를 기록했고, 그중에는 우주왕복선 챌린저호 폭발과 같이 인명 피해를 낳은 참사도 있었다. 이러한 실패 속에서 문제점을 찾아내고 보완하면서 우주발사체 기술은 발전해왔다. 나로호 역시 두 번의 발사 실패를 통해서 수많은 문제점을 찾아냈고 이를 보완하는 과정에서 한국의 과학자들은 로켓 기술에 관한 상당한 노하우를 쌓아갔다.

사실 나로호의 개발과 발사 과정에서 한국과 러시아의 기술진들 사이는 굉장한 긴장 관계가 계속되었다는 게 양쪽 과학자들의 증언이다. 러시아로서는 로켓 기술의 핵심 중 하나라고 할 수 있는 1단 액체 로켓의 기술이 최대한 한국 과학자들에게 흘러들어가지 못하게 막아야 했다. 러시아 측은 나로우주센터에서도 1단 로켓에 관해서는 극도의 보안을 유지했다. 나로우주센터의 1단 로켓 조립 설비에는 한국인들은 출입조차 하지 못하게 막을 정도였다. 한국과 러시아의 과학자들이 만나서 잠깐이라도 대화를 나누는 것까지도 민감하게 제지하고 차단할 정도였다.

그럼에도 한국의 과학자들은 나로호의 개발과 발사를 통해서 눈으로 보고 귀로 들으면서, 그리고 두 번의 실패와 한 번의 성공을 통해 우주발사체에 관련된 기술을 터득할 수 있었다. 나로호 프로젝트에 참여했던 한 러시아 과학자는 "10년 전 한국에는 발사체 액체 로켓엔진을 이해하는 자가 한 명도 없을 정도로 초보자였다. 당시 한국 기술진은 초등학생 수준이었지만 지금은 우리가 경계할 수준이 됐다"면서 놀라워했다고 한다.

나로호의 성공에 힘입어서 한국은 KSLV-II 개발에 주력하고 있다. 2020년 완료 예정으로 개발에 박차를 가하고 있는 KSLV-II는 명실상부한 대한민국 기술로 만드는 우리나라 최초의 저궤도 실용 위성 발사용 로켓이 된다.

2016년 5월 3일과 7월 20일, 나로우주센터에서는 발사체에서 가장 중요한 부분이라 할 수 있는 액체 연료 로켓엔진이 실제 우주로 날아가기 위해 필요한 시간만큼 잘 작동되는지를 테스트하는 시험이 있었다. 75t급 액체 엔진을 사용한 로켓이 우주로 무사히 날아가기 위해서는 1단은 127초, 2단은 143초 동안 작동해야 한다. 테스트 결과 한국 기술로 만든 액체 로켓엔진은 145초 동안 정상 작동함으로써 성공을 거두었다. KSLV-II가 예정대로 성공적으로 개발되면 이 기술을 토대로 한국은 중궤도 및 정지궤도 발사체, 더 나아가서는 대형 정지궤도 발사체 개발을 추진할 예정이다. 강국들의 치열한 경쟁이 벌어지고 있는 우주 공간에 한국도 우주 강국을 향한 조용하지만 커다란 첫발을 내디디고 있는 것이다.

"

한국의 천문학은 기본적으로
좋은 방향으로 나아가고 있고,
빠르게 발전하고 있다고 생각합니다.
그동안 한국에서 뛰어난 재능과 가능성을
가진 과학자들을 많이 보아왔기 때문에
현재도 좋은 성과를 내고 있으며
앞으로도 잠재력이 충분하다고 봅니다.
지금까지 한국에서 연구 활동을 해온
경험으로 볼 때, 학자들 사이에 좀 더 원활한
소통이 이루어진다면 발전과 혁신의 속도를
높이는 데 도움이 되리라 봅니다.

"

조중행 Choh Joonghaeng

분당서울대병원 국제진료센터 센터장

조중행 교수는 1969년 서울대학교 의과대학을 졸업하고 흉부외과 전공의 과정 중이던 1973년 미국 유학길에 올랐다. 미국에서 흉부외과 전문의 자격을 취득한 후에는 심장수술로 유명한 미국 일리노이 주의 셔먼병원에서 심장수술 전문의로 활동했다. 2003년 분당서울대병원이 문을 열자 고국으로 돌아와 2년 동안 심장센터 센터장으로 재직하면서 병원의 심장센터 진료 체계 구축을 주도했다. 당시 한국에서 외국 전문의 자격증을 인정하지 않아 59세의 나이에 다시 전문의 시험을 보고 한국 전문의 자격증을 취득한 일화는 화제가 되기도 했다. 2년 동안의 한국 생활을 마친 조중행 교수는 미국 셔먼병원으로 돌아가면서 병원에 1억 원을 기탁, 다시 한 번 화제를 모았다. 그는 2013년 다시 고국으로 돌아와 새롭게 문을 연 분당서울대병원 국제진료센터의 센터장을 맡아 지금에 이르고 있다.

한국의 의학

압축 성장 이룬
한국 의학의 나아갈 길

한국 의학이 정말로 빠르게 발전하고 있구나, 하고 실감할 수 있었던 것은 1980년대에 들어서였습니다. 미국을 비롯해서 국제적으로 저명한 저널에 한국에서 발표한 논문들이 속속 등장하기 시작했고, 병원의 시설이나 장비, 그리고 의료진의 진료 체계와 시스템들도 정말 빠르게 발전하는 모습을 확인할 수 있었습니다.

—   한국에서 의과대학을 졸업하고 전공의 과정 중에 미국 유학길에 오
     르셨는데, 당시 유학을 결심하게 된 배경이 궁금합니다.

가장 큰 이유는 책과 현실 사이의 괴리였을 것입니다. 당시 한국의
의료계는 책으로 배우는 이론과는 참으로 거리가 멀었습니다. 책으
로 배운 것을 실제 환자를 치료하는 현장에서 실행하기에는 시설
도, 도구도 많이 부족했죠.

   1950, 60년대만 해도 의대생들 가운데 70~80%는 미국 유학을
생각했습니다. 1970년대 후반까지만 해도 한 교실의 반 이상이 미
국으로 유학을 갈 정도였으니, 사회적인 트렌드였다고 할 만합니
다. 이쯤 되면 자연과학 분야 주요 대학의 특히 물리학과, 화학과 등
은 1950년대 중후반부터 1970년대 중반까지 졸업생의 60~80%가
미국 유학을 가는 실정이었고 의학 분야도 서울의대 졸업생의 절반

이상이 미국으로 유학을 갔습니다.

특히 제가 전공했던 흉부외과는 책과 현실의 괴리가 가장 심했습니다. 심장수술을 제대로 하려면 GDP가 최소 1,000달러는 되어야 한다는 얘기가 있는데, 1960년대에는 300달러가 채 안 되는 수준이었습니다. 조금이라도 힘든 수술은 예상치 않게 경과가 나빠지고 실패율이 높았죠. 그러다 보니 현실에서 한계를 느끼고 유학을 생각하는 사람들이 많았고, 저 역시도 그런 이유로 미국 유학을 선택했습니다.

— **미국의 병원과 의료계를 처음으로 경험했을 때 어떤 인상을 받았고, 어떤 점이 놀라우셨나요?**

그때 미국에서는 한국에서 거쳤던 인턴이나 레지던트 과정은 전혀 인정해주지 않았습니다. 여러 병원에서 면접을 본 끝에 인턴 생활부터 다시 시작하게 되었죠. 한국에서도 인턴 레지던트 생활은 무척 고된 일이지만 미국이라고 해서 더 편한 건 없었습니다. 미국의 인턴 레지던트도 굉장히 열심히 일했고, 그 강도가 한국과 비교해서 더하면 더했지 결코 덜하지 않았습니다.

미국 병원 생활을 시작하면서 느꼈던 것은 시설도 시설이지만 의료진이 움직이는 시스템이 정말로 한국과는 많이 달랐습니다. 물론 미국 병원의 시설은 한국보다 우수했지만, 생각했던 것만큼 모든 것이 최첨단을 달리지는 않더군요. 처음에는 미국의 일류 대학 병원이라면 건물도 최신식의 아주 깔끔한 건물이고 어마어마한 장비들이 있을 거라고 생각했습니다. 그런데 막상 미국에서 유명한 대학병원을 갔는데도 건물은 낡았고 시설이나 장비도 생각보다 오래된 게 많아서 놀랐던 적도 있습니다.

미국 병원에서 일반외과 심장외과 수술 레지던트 과정, 조수로 활동하면서 미국과 한국의 진정한 격차를 실감했습니다. 한국에서 수술했다면 가망이 거의 없었을 환자들이 이곳에서는 성공적으로 살아나는 것을 목격하면서 정말로 충격을 받았습니다. 또 한 가지는 미국의 의료진들은 '권위의식이 별로 없다'는 점이었습니다. 권위에 따른 상명하복으로 움직이는 게 아니라, 교수와 스태프들이 친구처럼 지내면서 하나의 팀으로서 움직였습니다. 아, 정말 두 나라의 문화가 많이 다르구나, 하는 것을 느꼈습니다.

— 미국에서 20여 년 동안 심장수술 전문의로 활약하면서 한국 의학이 발전하는 모습을 멀리서나마 지켜보셨을 것 같습니다. 미국에서 바라본 한국 의학의 변화를 어떻게 보셨습니까?

사실 1970년대까지는 한국 의학은 세계적으로는 거의 존재감이 없었습니다. 국제적인 의학 저널에 한국의 논문이 실리는 경우도 거의 없었습니다. 그때까지만 해도 한국 의학의 발전은 지지부진했습니다.

아, 뭔가 변하는구나, 한국 의학이 정말로 빠르게 발전하고 있구나, 하고 실감할 수 있었던 것은 1980년대에 들어서였습니다. 미국을 비롯해서 국제적으로 저명한 저널에 한국 논문들이 하나 둘 등

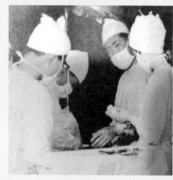

한국 의학은 1970년대까지 세계적인 존재감이 거의 없었으나 이후 빠르게 발전했다. 사진은 1960년대 초반 흉부외과 수술 장면(좌), 1970년대 심장 수술 장면(우)

장하기 시작했고, 한국을 방문했을 때 병원의 시설이나 장비, 그리고 의료진의 진료 체계와 시스템들도 정말 빠르게 발전하는 모습이 눈에 들어왔습니다. 그때는 '하루가 다르게'라는 말이 어울릴 정도로 한국 의학이 확확 달라지는 게 느껴졌습니다.

— 한국 의학이 짧은 시간 안에 세계적인 수준으로 발전할 수 있었던 데에는 물론 많은 학자의 노력과 성과가 있었을 것입니다. 센터장께서 존경하거나 높이 평가하는 의학자로는 어떤 분들이 있는지 궁금합니다.

많은 분이 있겠지만 가장 먼저 제가 손에 꼽는 분이라면 장기려 박사님이십니다. 장 박사님은 박애정신과 사회봉사, 그리고 검소한 삶으로 높이 존경받는 분이지만 오히려 의사로서의 성과는 과소평가된 면이 있습니다. 한국의 현대 의학 발전에 장기려 박사님이 이바지한 성과는 매우 큽니다. 이러한 면 역시 꼭 재조명되어야 한다고 생각합니다.

의사로서 장기려 박사님의 가장 큰 업적이라면 1959년 한국 최초로 대량 간 절제술을 성공시킨 것입니다. 한국전쟁이 끝난 지 몇 년 안 된 시기로 지금과는 비교도 안 될 정도로 장비나 기술이 열악했던 시대에 외과에서 가장 난이도가 높은 수술 중 하나를 성공시켰습니다. 당시 대량 간 절제술 성공 사례는 전 세계적으로도 50건 정도에 불과했습니다. 선진국에서도 성공 사례가 드물었던 수술을 성공시킨 놀라운 업적을 이루었고, 이 과정에서 축적된 연구 성과는 훗날 간 관련 의학 발전에 밑거름이 되었습니다.

그런데 장 박사님이 대량 간 절제술을 위해서 어느 정도로 철저하게 준비하고 연구했는지를 알게 되면 더더욱 놀랍습니다. 당시 살았던 부산에서 400회 이상 사체 해부를 했다고 합니다. 당시는 전쟁으로 모든 게 무너진 나라에서 돈도, 연구 자료도 별로 없었을 때였습니다. 그런데도 대량 간 절제수술이라는 새로운 수술의 시도를 위한 준비 과정으로 400회가 넘는 사체 해부를 통해 연구를 거듭하면서 한국 외과 의술의 수준에 큰 진전을 이룬 것은 후대의 외과 의사들이 따라야 할 귀감이라 하겠습니다.

한국 의학의 발전에 공헌한 중요한 또 한 분은 일본 뇌염의 전염 과정의 원인 바이러스 규명 및 유행성출혈열의 원인인 한탄바이러스를 발견한 이호왕 박사님입니다. 당시 국내에는 아무런 연구 결과도, 제대로 된 인프라도 없는 상태였고 저도 의과대학 2, 3학년 학생으로서 방학 때면 당시 서울대 교수였던 선생님의 연구와 논문 번역 등을 도와 드린 적이 있지만, 박사님은 선진국에서도 막대한 인력과 자본을 투자하고도 실패한 유행성출혈열 원인을 규명해내는 데 성공했습니다. 이를 통해 한국의 미생물학은 국제적인 위상을 크게 끌어올릴 수 있었습니다. 한국 의학의 발전을 이야기할 때 절대로 빼놓고 지나갈 수 없는 분입니다.

한국 현대 외과의학의 큰 별,
장기려 박사

성산^{聖山} 장기려 박사는 한국전쟁 중이던 1951년에 복음병원을 설립하여 피난민과 가난한 사람들을 무료 진료하고, 최초의 민간의료보험이자 훗날 국가 건강보험의 밑바탕이라 할 수 있는 부산 청십자의료협동조합을 창설했다. 세상을 떠날 때까지 작은 옥탑방에 살았을 정도로 검소한 생활을 하면서 가진 것을 모두 가난한 이웃에게 베푼 장기려 박사는 진정한 인술을 펼친 의학자로 찬사와 함께 큰 존경을 받고 있다. 하지만 이러한 봉사와 헌신의 삶 때문에 그가 의학자로서 한국 의학계에 공헌한 업적은 상대적으로 덜 조명되고 있다.

장기려 박사는 1911년 음력 8월 14일 평안북도 용천에서 태어났다. 어렸을 때에는 아버지 밑에서 천자문을 공부한 후 아버지가 설립한 의성학교에서 공부했고, 개성 송도고등보통학교를 거쳐 1928년에는 서울대학교 의과대학의 전신인 경성의학전문학교^{경성의전}

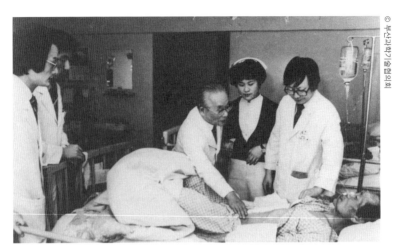

1959년 한국 최초 대량 간 절제술을 성공한 장기려 박사. 사진은 1975년 부산시 청십자 병원에서 회진하는 장면

를 졸업했다. 어렸을 때에는 집안이 유복했지만 대학 진학 무렵에는 대학에 갈지 여부를 놓고 고민을 해야 될 정도로 가정 형편이 어려웠다. 우여곡절 끝에 가장 학비가 저렴했던 경성의전에 합격했다. 대학 졸업 후에는 경성의전 외과 조수로 의사에 입문한 박사는 일본으로 건너가 공부했고, 1940년에 「충수염 및 충수염성 복막염의 세균학적 연구」라는 논문으로 나고야제국대학에서 박사 학위를 받았다.

　장기려 박사의 대학교 스승이자 백병원을 설립한 백인제 박사는 그를 위해 대전도립병원 외과 과장자리를 마련했다. 이 자리는 의사들 사이에서 노른자위로 통했고 조선인들에게는 거의 돌아가지 않았다. 그만큼 백인제 박사는 장기려를 아꼈고, 훗날 자신이 몸담고 있었던 경성의전 외과학 교실을 이어받기를 원했다. 하지만 일본인하고 같이 일하고 싶지 않았던 장기려 박사는 이 제안을 사양하고, 대신 세브란스병원 외과의 이용설 박사의 추천으로 평양연합기독병원^{기홀병원} 외과 과장으로 부임했다.

이후 조국이 광복되면서 평양에는 소련의 지원을 받은 김일성 정권이 수립되었다. 장기려 박사는 평양도립병원의 원장 겸 외과 과장으로 일하다가 1947년 1월에는 북한이 새로 설립한 김일성대학의 의과대학 교수가 되었다. 북한에서도 장기려 박사는 높은 평가를 받아 김일성대학교 외과학 강좌장에 임명되었으며, 1947년에는 모범일꾼상을, 1948년에는 북한과학원에서 공화국 제1호 의학박사 칭호를 받았다.

하지만 독실한 기독교 신자였던 장기려 박사에게 공산주의 치하의 종교 탄압은 날이 갈수록 심해졌고, 결국 한국전쟁 중인 1950년 12월 차남인 장가용과 함께 월남했다. 1951년 1월에는 부산에 복음병원^{지금의 고신대병원}을 세워 피난민과 가난한 사람들을 무료로 치료해주었다. 이를 계기로 박사는 25년 동안 복음병원 원장으로 재직했다.

불행히도 아내와 다른 자녀는 남쪽으로 함께 내려오지 못했고 박사는 아내를 그리워하면서 평생 재혼하지 않고 독신으로 지냈다. 훗날 알려진 바에 따르면 김일성은 평생 장기려 박사를 그리워했다고 한다. 목에 혹이 생겼을 때, 그리고 신장결석에 걸렸을 때에도 김일성은 장기려 박사에게 치료 받기를 원하면서 무조건 장기려 박사를 데려오라고 명령했다고 한다. 김일성은 "내가 장기려를 놓친 것이 평생 한이다. 정말 분하다"라는 말을 남겼다고 한다.

의사로서 장기려 박사를 대표하는 가장 큰 성과라면 1959년 10월 20일에 한국에서는 처음으로 성공을 거둔 대량 간 절제술이다. 간은 우리 몸속 장기 중에서 가장 크다. 심장이 약 300g, 두 개로 되어 있는 폐의 무게가 한 개당 700g인 데 비해 간은 무게가 1.2~1.5kg에 이른다. 간은 약 3,000억 개의 간세포로 구성되어 있으며, 몸의 화학공장이라는 별명처럼 우리 몸에 필요한 여러 가지 영양소를 만들거나 변환해서 저장하고, 해독 작용을 하고, 면역과 몸속 살균에도 중요한 기능을 한다.

간은 우리 몸을 유지하기 위한 여러 가지 중요한 일을 하기 때문에 손상되면 몸의 기능에 큰 문제가 생기며 생명을 위협받을 수도 있다. 다행히 간은 어느 정도 손상을 입더라도 정상에 가까운 기능을 할 수 있도록 넉넉한 양의 간세포를 가지고 있다. 하지만 손상이 계속 심해지면 결국 간의 기능이 저하된다. 그런데 간은 '침묵의 장기'라는 별명이 있을 정도로 간의 절반이 손상될 때까지도 증상을 거의 느끼지 못한다. 즉 간에 이상을 느낄 정도가 되면 이미 간의 대부분이 손상되어 심각한 상태인 경우가 대부분이고, 치료도 어렵다.

간암을 치료하기 위해서는 암세포

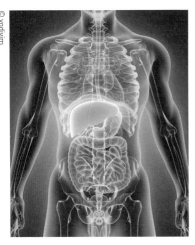

간은 우리 몸에 필요한 여러 영양소를 만들거나 변환해서 저장하고 해독 작용과 몸속 살균 기능 등을 담당한다.

가 퍼진 간을 잘라내는 수술인 간 절제술이 필요하다. 간은 전체 부피 중 최대 80%까지 잘라내도 기능을 할 수 있다. 하지만 간 절제술은 큰 위험을 동반한다. 간은 구조가 무척 복잡하며 많은 기능을 하는 만큼 간동맥과 간문맥을 비롯한 혈관으로 많은 피가 들어오고 나간다. 따라서 간 절제수술을 하는 과정에서 많은 출혈이 일어날 위험이 높다. 또한 간 절제술을 받을 정도라면 이미 간 전체의 기능이 많이 나빠져 있기 때문에 간의 상당 부분을 떼어내면 수술 후에도 제 기능을 회복하지 못하고 더 나빠질 수도 있다.

장기려 박사는 이미 일제강점기인 1943년에 국내 최초로 간암 덩어리를 떼어내는 수술을 성공시킨 적이 있었다. 하지만 간의 대부분을 잘라내는 대량 간 절제술은 출혈 문제와 수술 이후의 예후 문제가 훨씬 까다로웠기 때문에 수술 성공률이 무척 낮았다. 당시 의학의 수준이나 시설이 열악했던 한국 의료계에서는 감히 시도하지 못했던 난제였고, 세계적으로도 성공 사례는 수십 건에 불과했다. 당시만 해도 간 질환에 걸리면 속수무책으로 죽을 날만 기다리는 실정이었다.

다행히 장기려 박사가 활동하고 있었던 부산에는 관련 연구가 가능했던 몇 가지 조건이 있었다. 첫째로, 박사를 부산대학교 의과대학 교수로 초빙했던 정일천 학장은 당시 한국 해부학계의 대표적인 권위자였고, 박사의 연구를 위한 충분한 인체를 제공해줄 수 있었다. 또한 같은 학교의 민영옥 부교수는 1958년에 「간내 맥관계통의 형태학적 연구」라는 논문을 발표했는데, 이는 우리나라에서 최

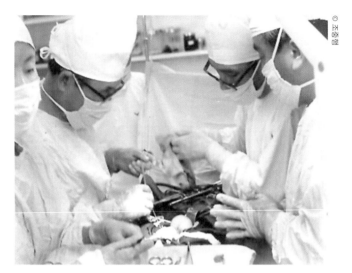

대한간학회는 장기려 박사가 한국 최초로 대량 간 절제술을 성공한 10월 20일을 '간의 날'로 정했다. 사진은 장기려 박사(좌측 두 번째로 추측) 수술 장면

초로 발표된 간 관련 논문이었다. 이를 계기로 부산대 의대는 대한 외과학회로부터 수술 중 출혈을 최소화하면서 간 기능의 손상은 적게, 회복은 빨리 하기 위한 연구 과제를 맡게 되었다.

장기려 박사와 부산대 교수진은 수백 회에 걸친 인체 해부 및 동물 해부를 통해서 간의 구조와 그 안을 지나가는 혈관 구조를 자세하게 파악했다. 이를 바탕으로 간엽을 8개 구역으로 나누어서 각 구역별 특성을 파악했다. 즉 간을 절제할 때 각 구역별로 어떤 혈관이 어떻게 지나가는지를 파악함으로써 수술 중 출혈을 최소화시킬 수 있는 귀중한 자료를 구축한 것이다.

드디어 1959년, 장기려 박사는 간암에 걸린 52세 여성의 간 70%

를 잘라내는 대량 간 절제술을 시도하고 성공을 거두었다. 이에 힘을 얻은 박사는 이후 4건의 대량 간 절제술을 성공시키고 그 결과를 1960년 대한외과학회에 보고했다. 박사는 그 업적을 인정받아 1961년 대한의학회 학술상을 받았다.

당시 의료 선진국과는 비교도 할 수 없을 정도로 열악했던 한국에서 세계적으로도 성공 사례가 드물었던 대량 간 절제술을 잇달아 성공시킨 장기려 박사는 이후에도 왕성한 연구와 후배 양성을 통해 한국 의학, 특히 간장외과 발전에 크게 이바지했다. 그와 함께 일했던 동료나 가르침을 받았던 제자들은 장기려 박사를 끊임없는 연구와 도전정신을 가진 의학자로 평가한다. 여든이 넘은 나이에도 인제대학교 의대의 대학원생 수업을 청강했다는 일화는 의학에 대한 열정을 엿볼 수 있는 일화 중 하나다.

대한간학회는 장기려 박사가 한국 최초로 대량 간 절제술을 성공한 10월 20일을 '간의 날'로 정하고 각종 행사를 개최하는 한편 국민들에게 간 질환에 관한 올바른 정보를 제공하고 이해를 돕는 일에 힘쓰고 있다. 또한 EBS의 다큐멘터리 프로그램 〈명의〉에서 EBS에서 2008년에 전국 800여 명의 전문의를 대상으로 역대 한국의 명의를 꼽는 설문조사를 한 결과, 1위로 뽑힌 분도 장기려 박사였다. 세상을 떠난 지 20년 이상이 흘렀지만 장기려 박사는 지금까지도 대중에게는 박애정신과 무소유를 실천한 의사로서, 의학계에서는 한국의 외과 의학을 발전시킨 개척자로 널리 추앙받고 있다.

한국 바이러스학의 쾌거를 이룩한
이호왕 박사

한국전쟁 당시 우리 군인들은 북한군 및 중공군과의 전투 말고도 또 하나의 보이지 않는 적과 싸워야 했다. 바로 정체를 알 수 없는 고열과 통증, 눈의 충혈, 설사, 입 안과 피부의 출혈을 동반한 괴질이었다. 심하면 신장이 망가져서 목숨까지 잃었다. 전쟁 중에 집단으로 야영생활을 해야 했던 군인들 사이에서 돌던 이 괴질은 한국전쟁 중 격전이 벌어졌던 강원도 철원군 일대의 일명 '철의 삼각지대'에 주둔하고 있던 미군과 유엔군 3,000명 이상을 감염시켰고 그중 800여 명이 목숨을 잃었다. 북한군과 중공군에서도 수천 명의 환자가 발생했다. 이 때문에 남북이 서로 상대방이 세균무기를 사용했다고 의심할 정도였다.

괴질에 따른 희생자가 속출하자 유엔군사령부는 '출혈열연구센터'를 만들었다. 연구진 중에는 노벨상 의학상 수상자 2명이 포함되어 있었고 연구원이 230여 명에 이를 정도로, 유엔군과 미군은 막

한국전쟁 당시 집단으로 야영생활을 하던 군인들 사이에 정체 모를 괴질이 돌아 수천 명이 생명을 잃었다.

대한 투자를 하면서 이 괴질의 원인을 밝혀내기 위해서 애썼다. 하지만 1952년부터 1965년까지 4,000만 달러라는 막대한 비용을 투입하고도 결국 원인 규명에 실패했다.

미국조차도 원인 규명을 포기할 무렵, 일본에 있던 미육군의학연구개발사령부 극동사령부에 한 통의 연구계획서가 제출되었다. 일본뇌염 연구로 상당한 성과를 거둔 한국의 이호왕 박사가 제출한, 유행성출혈열의 원인 규명을 위한 연구 계획이었다. 미군은 1970년부터 3년 동안 4만 달러를 지원하기로 결정했다. 그로부터 5년 후인 1975년 12월, 이호왕 박사는 경기도 연천군에 서식하는 등줄쥐의 폐 조직에서 유행성출혈열을 일으키는 바이러스를 분리해내는 데 성공했다. 그리고 이 바이러스에 '한탄바이러스'라는 이름을 붙였다. 등줄쥐가 주로 서식하던 한탄강에서 따온 이름이었다. 그리고 이 발견은 세계 바이러스학의 한 획을 그은 중요한 발견이 되었다.

이호왕 박사는 함경남도 신흥에서 태어났다. 어머니의 아버지, 즉 박사의 외할아버지는 고향에서 한의사로 일했으며, 어머니의 권유로 박사는 함흥의과대학에 진학했다. 그러나 공산주의 체제 속에서 이른바 '반동 지주 집안'이라는 이유로 탄압을 받던 박사의 형제들은 차례대로 월남했고, 박사도 남쪽으로 내려와서 서울대학교 본과 1학년에 입학했다. 얼마 지나지 않아 한국전쟁이 터지고, 전쟁통의 어려운 환경 속에서도 학업을 계속 이어간 박사는 1954년에 대학을 졸업했다.

원래 내과의사가 꿈이었던 이호왕 박사가 처음으로 미생물에 관심을 두게 된 것은 대학교 3학년 때 실습을 나간 병원에서였다. 당시 병원은 온갖 종류의 전염병 환자들이 대부분을 차지하고 있었다. 박사는 졸업 후 바로 병원에 들어가는 것보다 유행하는 전염병을 잘 아는 것이 중요하다는 생각에 대학원 전공을 미생물학으로 바꿨다.

대학 졸업 후 군에 입대하여 1956년 9월에 육군 중위로 예편한 이호왕 박사는 대학원을 졸업하고 서울대 의대 미생물학교실 연구조교로 일하다가 미국 유학길에 올랐다. 당시 한-미 협정에 따라 미국 정부가 지원한 '미네소타 프로젝트'의 일환이었다. 1959년 이호왕 박사는 미국 미네소타 주립대학교 대학원 미생물학과에서 이학박사 학위를 취득하였다. 일본뇌염 바이러스의 면역기전을 다룬 박사의 논문은 세계 최고 권위의 미국 면역학회지에 게재되었다.

세계적인 유행성출혈열 연구센터를 구축한 이호왕 박사

유학 생활을 마친 이호왕 박사는 서울대 의대 전임강사로 부임했다. 하지만 당시 열악한 학교 형편으로는 원하는 연구를 계속하기 어려웠다. 5·16군사정변 이후 박사는 다시 1년 동안 부산에서 군 생활을 하게 되었는데, 학교를 떠나 있는 동안 연구를 지속할 방법을 모색하던 중 미국 국립보건원NIH, National Institutes of Health이 외국 학자들에게 연구비를 지원하는 '엑스트라뮤랄 프로그램extramural program'을 신청했다. 70대 1이 넘는 치열한 경쟁을 뚫고 일본뇌염에 관한 연구 계획이 선정되어 원하던 연구를 지속할 수 있었다.

1965년부터 5년 동안 이어진 연구를 통해서 박사는 일본뇌염 연구에 많은 진전을 이루었지만 결정적인 일본뇌염 백신은 일본에서 먼저 개발에 성공했다. 백신 개발로 환자가 눈에 띄게 줄어들었고, 논에 농약 사용이 늘면서 뇌염의 원인이었던 모기도 크게 줄었기 때문에 연구의 필요성이 줄어들었다. 그다음으로 박사가 눈을 돌린 것이 바로 원인 불명의 괴질, 즉 유행성출혈열 연구였다.

미군의 연구비 지원으로 1970년부터 연구에 착수했지만 5년 동안은 거의 성과가 없다시피 했다. 당시 유행성출혈열의 원인으로는 세균, 바이러스, 곰팡이 독소, 식물 독소를 비롯한 갖가지 학설들이 제기되었다. 이 중 박사가 주목한 것은 들쥐였다. 유행성출혈열이 자주 일어났던 지역의 들쥐를 채집하면서 원인이 되는 미생물을 찾아내려 했지만 번번이 수포로 돌아갔다. 군부대 주변에서 들쥐를 잡던 연구원이 무장간첩으로 오해를 받아서 경고사격을 받는가 하면, 유행성출혈열에 감염되어 죽기 일보 직전까지 갔던 연구원도 있었다.

이러한 과정을 거치면서 등줄쥐가 유력한 숙주로 지목되었다. 하지만 등줄쥐의 내장을 샅샅이 조사해보아도 원인이 되는 병원체를 발견할 수 없었다. 엎친 데 덮친 격으로 연구비를 지원하던 미육군의학연구개발사령부 극동사령부가 1975년에 연구비를 더는 지원해줄 수 없다고 통보해왔다. 극동사령부가 1년 후에 폐쇄된다는 것이 이유였다.

좌절에 빠져 있던 박사에게 돌파구를 만들어준 것은 W. F. 젤리슨 박사였다. 미국 국립보건원에서 유행성출혈열 연구를 하다가 은퇴한 젤리슨 박사는 이호왕 박사에게 폐를 살펴보라는 조언을 해주었다. 이호왕 박사는 당시 첨단 기법 중 하나인 면역형광항체법을 사용하고 있었다. 면역형광항체법은 어떤 병원체의 항체가 들어 있는 혈액에 형광물질을 묻히고 병원체와 만나게 하면 반응을 일으켜 형광물질이 빛을 내는 원리로 병원체를 찾아내는 방법이었다. 박사는 병에 걸렸지만 목숨을 건지고 회복기에 접어든 환자에게서 어떤 종류의 항체가 대량으로 나타난다는 사실까지는 알아냈다. 그러나 이 항체가 반응하는 병원체를 들쥐의 어느 내장 기관에서도 찾지 못해서 난관에 부딪친 상태였다.

그런데 이호왕 박사를 포함해서 거의 모든 연구자가 지나쳤던 기관이 있었다. 바로 폐였다. 유행성출혈열에 걸린 환자들은 콩팥을 비롯한 여러 장기에서 출혈이 일어났지만 유독 폐에서는 출혈이 나타나지 않았다. 그 때문에 학자들은 병원체가 폐에는 있지 않은 것으로 보고 조사 대상에서 제외했던 것이다. 이런 상황에서 젤리슨 박사는 폐에 기생하는 곰팡이 독소가 원인일 것이라고 생각하고 있었다. 그러나 이호왕 박사는 곰팡이가 아닌 바이러스를 원인으로 보고 있었지만 '폐를 조사해보라'는 부분에서 힌트를 얻었다.

1975년 10월, 이호왕 박사는 등줄쥐의 내장 샘플과 병을 앓고 회복된 환자에게서 뽑아낸 혈청을 반응시킨 결과 드디어 고대하던 형광빛을 발견했다. 박사는 당시의 상황을 "현미경을 들여다봤더니 밤하늘의 은하수같이 노란빛이 나타났다"면서 그 발견을 새로운 별을 찾아낸 것에 비유했다. 이후 6개월 동안 반복된 관찰을 통해서 병원체의 존재를 확인한 박사는 1976년 4월, 유행성출혈열의 원인인 한탄바이러스를 발견했다고 발표했다.

당시 과학계의 분위기는 놀라움 반, 불신 반이었다. 그도 그럴 것이, 미국은 말할 것도 없고 소련도 50여 년에 걸쳐서 막대한 자금과 연구진을 투입했지만 병원체를 찾아내는 데 실패했다. 그런데 이들 강대국에 비해 훨씬 낙후된 과학 수준에 빈약한 인력과 자금으로 연구했던 약소국의 과학자가, 그것도 연구에 착수한 지 5년 만에 바이러스를 발견했다니 믿기지 않는 것도 무리는 아니었다. 원래 연구비를 지원했던 미군 측에서는 연구비를 더 타내기 위해 거짓말을 하는 게 아니냐는 의심을 했다고 한다.

하지만 맹검 테스트^{blinded test} 즉 항체가 있는 환자의 혈청과 항체가 없는 일반인의 혈청으로 무작위로 테스트해 본 결과 이호왕 박사가 얻은 결과와 정확히 일치했다. 또한 4년에 걸쳐서 기존에 발견된 500종 이상의 바이러스와 일일이 대조해가면서 한탄바이러스가 전혀 다른 종류의 새로운 바이러스라는 사실까지 입증함으로써 이호왕 박사의 연구 결과는 최종적으로 학계의 인정을 받았다. 미생물학에서는 거의 불모지나 마찬가지였던 한국이 세계 의학계를 깜짝 놀라게 하는 대단한 발견을 한 것이다.

이호왕 박사는 이후에도 계속해서 유행성출혈열에 관한 연구를 이어 나갔다. 1980년에는 서울의 집쥐에서 한탄바이러스와는 다른 종류의 유행성출혈열 병원체를 발견했고 '서울바이러스'라는 이름을 붙였다. 이후 국제적으로 연구가 계속되면서 여러 종의 바이러스가 발견되었고, 1986년 국제미생물학계는 이들 종을 묶어서 '한타바이러스'라는 속을 만들었다.

바이러스를 발견했다면 그다음으로는 진단법과 백신을 개발해야 한다. 특히 서울에서 한탄바이러스 연구를 계속하던 이호왕 박사의 연구원 중 여덟 명이 유행성출혈열에 걸렸다. 박사는 함께 일하는 연구원들에게 안전한 연구 환경을 마련해줄 필요성을 느꼈다.

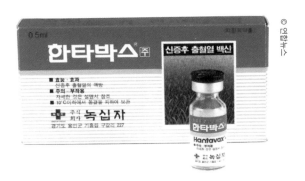

1988년 유행성출혈열 백신 '한타박스'가 국산 신약 1호로 기록되었다.

유행성출혈열 진단법을 개발한 박사는 뒤이어 세계보건기구^{WHO}와 녹십자의 연구비 지원을 통해 1988년 최초의 유행성출혈열 백신 개발에 성공하고 1990년부터 '한타박스^{Hantavax}'라는 이름으로 상용화되었다. 한타박스는 또한 대한민국 국산 신약 제1호로도 기록되었다. 1997년에는 한탄바이러스는 말할 것도 없고 유럽 지역 유행성출혈열의 원인인 푸우말라바이러스까지 함께 예방할 수 있는 혼합백신을 개발했다. 이호왕 박사의 바이러스 발견과 진단법 및 백신 개발로 전 세계를 공포에 떨게 했던 유행성출혈열의 많은 비밀이 밝혀졌고, 환자의 수와 치사율도 크게 줄어들었다. 과거에는 10%에 이르던 치사율이 이제는 2~3%까지 떨어졌다.

또 한 가지 이호왕 박사의 대표적인 업적은 세계적 유행성출혈열 연구센터 구축이다. 박사가 연구 활동을 하고 있던 고려대학교 바이러스병연구소는 세계보건기구로부터 유행성출혈열의 국제연구협력센터로 지정 받았다. 그에 따라 연구소는 병원균의 특성 규명과 검사의 표준화에서부터 각종 조사 보고 활동, 관련 학자들의 교육 및 훈련, 연구 교본 제작에 이르기까지 유행성출혈열 연구의 명실상부한 국제적 중심이 되었다. 세계 미생물학계에서 한국의 위상을 크게 끌어올렸다.

—　　　세계적으로 볼 때 지금 한국 의학은 어느 정도 수준에 도달했다고 보
　　　십니까?

한국은 거의 선진국 수준에 와 있다고 할 수 있습니다. 짧은 시간 동
안 이렇게 빠르게 발전한 것은 정말로 놀라운 일입니다. 하지만 의
학은 분야가 아주 광범위하고 각 나라마다 강점이 있는가 하면 약
점도 있습니다. 여기에는 각 나라의 질병 패턴이나 문화적 차이가
큰 역할을 합니다.

　예를 들어 어떤 나라에서 특정한 질병을 앓는 사람들이 많다면
그 질병에 대한 연구와 투자가 많이 이루어질 것이고, 그 분야에 강
점을 가지게 될 것입니다.

　야구에도 메이저리그가 있고 마이너리그가 있는 것처럼 강세를
보이는 분야가 있는가 하면 상대적으로 인기가 덜하고 덜 발전한
부분이 있게 마련입니다. 이는 세계 최고의 의학 수준을 자랑하는
미국도 마찬가지입니다. 한국도 일부 분야에서는 의료 선진국을 뛰
어넘어서 세계를 선도하는 분야가 있는가 하면 아직까지 많이 부족
하거나 상대적으로 인기가 덜한 분야도 있습니다.

　한국 의학이 발전하는 과정은 전반적으로 한국 사회와 경제가
발전하는 과정과 많이 닮아 있습니다. 한국은 짧은 시간 안에 고도
의 압축 성장을 거친 나라입니다. 그 때문에 세계가 주목할 만한 경
제 발전을 이루었지만 한동안은 그에 따른 부작용을 겪기도 했습니
다. 의학계도 짧은 시간에 압축 성장을 해오는 과정에서 분야별로
수준의 불균형이 심하게 나타나는 것과 같은 부작용을 겪고 있습니

다. 앞으로 이러한 문제들을 어떻게 극복할 것인가 하는 것이 의료계가 한 단계 더 도약하기 위한 과제가 될 것입니다.

—   한국 의학 분야에서 세계를 선도하는 수준으로 발전한 것이 있다면 무엇을 꼽을 수 있을까요?

세계적으로 볼 때 최고 수준으로 인정받으면서 선진국들도 한국의 기술을 배우는 분야라면 간 이식, 특히 그중에서도 생체 간 이식 분야일 것입니다. 그런데 한국의 생체 간 이식 기술이 이렇게 발전한 데에는 유교 같은 '문화적인 배경'이 있습니다.

한국은 아직까지는 사후 장기 기증 문화가 널리 보급되어 있지 않습니다. 최근 들어서는 신분증에 장기 기증 의사를 밝히는 스티커를 붙이는 제도도 마련되었고, 장기 기증을 약속하는 분들도 늘어나는 추세입니다만 아직까지 서양에 비하면 많이 뒤처져 있습니다. 생전에 장기 기증을 약속해도 막상 때가 되면 가족들의 반대로 기증이 이루어지지 않기도 합니다. 그러다 보니 장기 이식을 받아야 하는 환자들에 비해 공급이 턱없이 부족합니다.

한국의 의료계는 이러한 현실을 극복하기 위한 노력을 꾸준히 기울여왔는데, 그 한 가지 방편으로 발전시킨 기술이 생체 간 이식, 즉 살아 있는 사람의 간 일부를 이식해서 기증하는 사람과 기증 받는 사람을 모두 살리는 기술입니다. 서양에서는 뇌사자 간 기증을 통한 이식이 다수를 차지하고 있지만 반대로 한국은 생체 간 이식이 전체 간 이식의 대부분을 차지하고 있습니다. 그만큼 수술 사례가 많고, 경험과 연구를 주고받으면서 세계 최고 수준의 기술로 발전시켰습니다. 이제는 미국이나 독일, 일본 같은 선진국에서도 생체 간 이식에 관해서는 한국으로 배우러 올 정도입니다. 이것은 한국 사회와 문화가 가진 특성과 난관을 극복하려는 우리 의학계의 도전정신이 만들어낸 성과라고 할 수 있습니다.

세계 최고 수준을 자랑하는
한국의 간 이식 기술

의료 선진국과 수십 년 이상의 격차로 뒤떨어져 있던 한국의 의학 기술은 이제는 선진국과 어깨를 나란히 할 정도로 발돋움했으며, 일부 분야에서는 세계 의학계를 선도해나가는 성과를 올리고 있다. 특히 그중에서도 가장 까다로운 분야로 알려진 것이 간 이식이다.

간 이식에는 크게 두 가지 종류가 있다. 하나는 뇌사자에게서 기증 받은 간을 이식 받는 뇌사자 간 이식이고, 또 하나는 살아 있는 사람의 간 일부를 잘라서 이식하는 생체 간 이식이다. 우리나라는 이미 간 이식 분야에서 선진국 수준의 수술 실적과 성공률을 보이고 있는데, 특히 생체 간 이식 분야에서는 세계 최고 수준의 기술을 자랑하고 있다.

생체 간 이식은 뇌사자 간 이식에 비해서 난이도가 훨씬 높다. 뇌사자에게서 간을 받을 때에는 간 전체를 받을 수 있으며, 그 과정도 까다롭긴 하지만 생체 간 이식과 비교하면 단순하다. 하지만 생체 간 이식은 간을 주는 사람과 받는 사람 모두가 건강하게 살려내는 것이 목적이므로 동시에 두 개의 까다로운 수술을 하는 것이나 마찬가지다. 또한 간 전체가 아닌 일부만을 잘라서 사용하므로 이 과정에서 심한 출혈이 일어날 위험도 높다. 간을 잘라내고 남은 부분이 잘 재생되어 정상 기능을 할 수 있도록 만들어주는 치료도 필요하다.

우리나라는 1988년 서울대병원에서 국내에서는 첫 간 이식에 성공한 이래 빠르게 이식 기술을 발전시켜 나갔다. 특히 1994년 서울아산병원에서 국내 처음으로 생체 간 이식에 성공한 이후로 한국의 간 이식 기술은 눈부신 발전을 거듭하면서 잇달아 세계 최초의 이식 기술을 내놓았다. 먼저 1996년에 처음으로 성공을 거둔 혈액형 부적합 간 이식이다.

혈액형이 맞지 않는 피끼리 만나면 피가 뭉치는 응집 반응이 일어나기 때문에 수혈도 불가능하고, 따라서 장기 이식도 불가능하다고 생각해왔다. 그런데 한국의 의료진은 환자의 피에서 이러한 응집 반응을 일으키는 항체를 제거하는 혈장교환술을 거친 뒤 간을 이식함으로써 혈액형이 맞지 않는 사람의 장기를 이식하는 데 성공했다. 간 이식을 필요로 하는 환자들에게는 기증 받을 수 있는 간이 있어도 혈액형이나 그 밖에 여러 가지 조건이 맞지 않아서 포기해야 하는 일이 많았다. 그런데 부적합 간 이식은 커다란 장벽 가운데 하나를 제거해준 셈이다.

한국이 최초로 개발한 또 한 가지 중요한 기술은 1999년에 최초

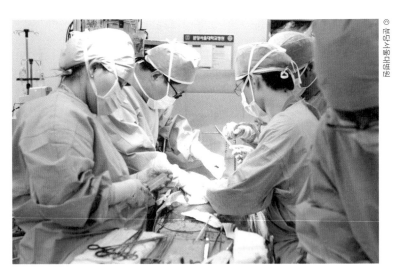

한국은 최고의 기술로 세계 '생체 간 이식' 분야를 선도하고 있다.

로 성공한 변형 우엽 간 이식이다. 그때까지 간 이식이 실패하는 주
요한 원인으로 꼽혔던 것은 이식된 간에 피가 제대로 돌지 못하는
문제였다. 간은 크게 좌엽과 우엽으로 나뉘는데, 간 이식을 할 때에
는 보통 크기가 큰 우엽을 떼어서 이식해왔다. 문제는 우엽 쪽의 혈
관 구조가 좌엽보다 복잡하기 때문에 이식을 하면서 혈관을 이어서
간에 피가 제대로 돌게 하는 과정이 무척 까다로웠다. 그런데 변형
우엽 간 이식 기술을 통해 이러한 문제점이 극복됨으로써 수술 성
공률을 끌어올리는 데 크게 이바지했다. 이전까지 간 이식의 성공
률은 70% 수준에 머물렀지만 변형 우엽 간 이식 기술이 개발된 뒤
로는 성공률이 무려 95%를 넘어섰다. 이제는 한국은 말할 것도 없
고 미국과 유럽 등 의료 선진국에서도 이 기술이 국제 표준 수술법

으로 자리 잡으면서 세계 간 이식 역사에 큰 발전을 이루었다.

　그뿐만이 아니다. 2000년에는 2대 1 간 이식이 성공을 거두었다. 간을 이식 받기 위해서는 체중의 약 1% 정도에 해당하는 간이 필요하다. 예를 들어 환자의 체중이 70kg라면 700g 정도의 간이 필요하다. 그런데 어떤 이유에서든 기증하려는 사람에게서 떼어낼 수 있는 간 조직의 양이 여기에 미치지 못할 수가 있다. 한국의 의료진은 이러한 문제를 극복하기 위해 두 명의 기증자에게서 간을 받아서 두 개의 조직을 한 사람에게 이식하는 기술을 성공시킨 것이다.

　간 이식이 필요한 환자는 이미 간의 기능이 거의 상실되어 한시가 급하다. 기증자의 폭이 좁을수록 그만큼 귀한 시간이 사라져가고 환자가 목숨을 잃을 위험도 높아진다. 한국에서 개발된 여러 가지 첨단 기술들은 기증 받을 수 있는 간의 폭을 넓힘으로써 더 많은 환자들이 늦기 전에 수술을 받을 수 있는 가능성을 높여준 것이다.

　세계 최고의 기술로 전 세계 생체 간 이식 분야를 선도하고 있는 한국은 그 실적 면에서도 최고 수준을 입증하고 있다. 일례로, 서울 아산병원은 4,300회 이상 생체 간 이식 수술을 진행함으로써 단일 병원으로는 세계에서 가장 많은 수술 사례를 가지고 있다. 또한 한국의 간 이식 환자들의 생존율 역시 1년 이상이 97%, 3년 이상이 89%, 일반적으로 완치로 간주하는 5년 이상 생존율이 88.5%를 기록, 거의 완벽에 가까운 치료 성과를 보이고 있다. 간 이식 역사가 우리나라보다 오래된 미국이나 독일도 성공률이 아직 85% 정도에 머물러 있는 것과 비교하면 월등한 성공률이다. 자신의 간을 기증

하는 사람들의 안전성이라는 측면에서도 한국은 뛰어난 실력을 자랑하고 있다. 간을 떼어내는 수술도 출혈이나 수술 후 후유증 및 합병증과 같은 까다로운 문제가 있지만 아직까지 단 한 명의 사망 또는 수술 합병증 사례도 없었다.

한국은 OECD 국가 가운데 간암 사망률이 가장 높을 정도로 간 질환으로 고생하는 환자들이 많은 나라다. 하지만 아직까지는 사후 장기 기증 문화가 발달되어 있지 않아서 장기 이식을 필요로 하는 많은 환자가 기증 장기를 구하지 못해 이식 시기를 놓치고 목숨을 잃고 있다. 이러한 문제점을 극복하기 위한 한국 의학계의 연구와 도전은 생체 간 이식을 통해 수많은 간 질환자의 목숨을 구했을 뿐 아니라 의료 선진국에서조차도 기술을 배우기 위해 한국을 찾는, 세계 최고 수준의 기술을 개척하는 성과를 낳았다.

한국의 의학계는 지금까지의 성과에 만족하지 않고 간 이식의 성공률 향상, 수술 시간 및 입원 기간 단축, 그리고 이식할 수 있는 간 선택의 폭을 확대시키는 것과 같은 문제뿐만 아니라 흉터를 최소화하기 위한 복강경 수술 기법처럼 치료 환자들의 삶의 질을 향상시키기 위한 기술 개발에도 박차를 가하고 있다.

　　한국 의학이 오늘날과 같은 수준에 이르기까지 바탕이 된 한국의 의

　　료계나 의사들의 강점이나 특징에는 어떤 것이 있을까요?

여러 가지가 있겠지만 가장 큰 강점 하나를 꼽아본다면 새로운 기술이나 장비를 빨리 받아들이는 적응력이라고 할 수 있습니다. 이를 바탕으로 한국 의료계는 여러 신新분야에서 세계적으로 앞서 나가고 있습니다. 그 한 가지 예가 로봇 수술입니다. 로봇 수술 기법은 미국에서 처음 개발되었지만 한국에서 가장 활발하게 실전에 적용하면서 기술을 발전시켰습니다. 20억 원이 넘는 고가의 장비지만 종합병원에 상당히 많이 보급되어 있습니다.

그 활용 기술도 빠르게 발전해왔는데, 갑상선암의 경우 아직까지 해외에서는 로봇 수술이 크게 활용되고 있지 못한 반면 한국은 수술법이 거의 완성 단계에 이르렀습니다. 로봇 수술로 좋은 결과를 거둔 병의 종류도 하나 둘씩 늘어가고 있고 기술도 고도화되고 있기 때문에 로봇 수술에 관한 한 한국은 세계 최고라고 해도 과언이 아닙니다.

사실 외국의 경우에는 새로운 기술이나 장비를 실제 치료에 적용하기까지는 시간이 오래 걸립니다. 검증을 거쳐야 하는 단계도 많은 데다가 기존의 치료법을 잘 활용하고 있다면 새로운 기술을 적용하는 데에 적극적이지 않은 경우가 많습니다. 반면 한국의 의료계는 새로운 것에 호기심이 많고 도전정신이 넘칩니다. 경쟁적으로 새로운 기술을 활용하고 개선하면서 아주 빠른 속도로 발전시켜 나갑니다.

이러한 배경에는 사회적인 이유도 있습니다. 이를테면 건강보험의 수가 문제 때문에 첨단 장비나 수술법을 사용하는 것이 수익 면에서 더 낫기 때문입니다. 로봇 수술의 경우에도 '꼭 값비싼 로봇 수술을 해야 하느냐'는 논란이 있습니다. 하지만 이런 배경이 일종의 자극제가 되어서 신분야에서 세계적인 성과를 내고 주목을 받는 것은 의학 발전을 위해서는 분명 의미 있는 일이라고 생각합니다.

또한 한국의 의료 환경이 기술 발전에 도움을 준 측면도 있습니다. 특히 외과를 놓고 본다면, 환자들이 대형 병원에 몰리는 현상도 외과 의사들이 수술 경험을 쌓는 데 큰 도움이 되고 있습니다. 대형 병원 쏠림 현상에는 문제점도 있지만 대형 병원의 의사들이 많은 환자의 치료 및 수술 사례를 통해 기술을 발전시켜나가고 이를 통해 전반적인 한국 의학의 수준을 끌어올린 것만은 분명합니다.

새로운 로봇 수술법을
가장 많이 개발한 한국

최근 현대 의학은 단순히 병의 치료만을 목적으로 하지 않고, 치료 이후의 삶의 질에도 큰 관심을 기울이고 있다. 따라서 삶의 질을 고려한 기술을 발전시켜나가고 있다. 예를 들어 과거에는 수술을 통한 치료 효과에만 관심을 두었다면 요즈음은 수술 흉터를 최소화하는 문제에도 관심을 둔다. 기존에는 수술을 하는 부위를 메스로 충분히 갈라서 수술 부위를 눈으로 보거나 손으로 접근하기에 쉽도록 확보했다. 때문에 수술 후에 꿰매서 봉합을 하면 큰 수술 흉터가 남았다.

이러한 문제점을 극복하기 위해 나온 것이 복강경 수술이다. 기존의 방법과는 달리 수술 부위에 몇 개의 작은 구멍을 낸 후 내시경을 넣어서 수술 부위를 확인하고 그 구멍을 통해 작은 수술 도구를 넣어서 치료를 진행했다. 복강경 수술은 단순히 흉터의 크기가 작아지는 문제에 그치지 않는다. 흉터가 작다는 것은 수술을 위해 몸을 가른 부분이 작다는 뜻이므로 수술 후 상처가 아물기까지 환자가 느끼는 고통도 적고 입원 기간도 짧아진다. 또한 수술 부위의 상처는 감염 위험이 높은데 상처가 작을수록 감염될 여지도 줄어들기 때문에 수술 합병증 위험도 낮아진다. 이와 같이 수술 과정에서 몸에 남기는 상처를 최소화하는 수술 기법을 '최소 침습 수술'이라 부른다.

최소 침습 수술은 환자에게는 많은 장점이 있는 반면 의사에게는 난이도가 높아진다는 문제점이 있다. 피부를 충분히 가르고 열어서 눈으로 직접 수술 부위를 볼 때와는 달리 내시경 카메라를 통해서 보는 수술 부위는 그 시야도 좁고 2차원 영상이기 때문에 입체감이 떨어져서 정확한 수술을 하기에 여간 까다롭지가 않다. 또한 수술 도구도 좁은 구멍을 통해서 넣어야 하므로 더더욱 난이도가 올라간다. 하지만 환자의 삶의 질이나 통증의 감소, 수술 후 회복 속도, 수술 합병증 위험 면에서 여러 가지 장점이 있기 때문에 복강경 수술은 점점 널리 보급되고 있다. 이제는 장기를 잘라내거나 암 덩어리를 떼어내는 것과 같은 고난이도의 까다로운 수술들까지도 복강경 수술로 진행되고 있다. 구멍의 크기나 개수를 줄이는 방법도 계속해서 연구하고 있다.

복강경 수술에서 더욱 진일보한 수술 방법이 로봇 수술이다. 복강경 수술은 수술 도구를 사람의 손이 직접 잡고 다루는 것과 달리 로봇 수술은 수술 도구를 로봇의 팔이 다루고 의사는 이 로봇 팔을 원격조종하는 방식으로 수술을 진행한다. 로봇 수술은 기본적으로는 내시경으로 수술 부위를 본다는 점에서 복강경 수술과 근본 원리는 비슷하다. 하지만 영상의 화질이 뛰어나고 3차원 입체 영상이기 때문에 의사가 정확하게 수술 부위를 파악할 수 있다. 10배 이상 확대해서 볼 수도 있으므로 눈으로 볼 때보다 더욱 정밀하게 관찰할 수도 있다.

또한 로봇 팔은 굵기가 얇고 관절이 360도 회전도 할 수 있다. 필요하다면 관절을 여러 개 만들 수도 있으므로 사람의 손이 닿기 어려운 부분까지 수술 도구가 들어갈 수 있고 사람보다 동작의 폭이 훨씬 자유롭다. 까다로운 위치에 있는 장기나 암 덩어리를 수술하는 데에는 로봇 수술이 큰 도움이 된다.

기존의 수술법은 의사가 선 자세로 오랫동안 수술 도구를 잡고 진행해야 하는데, 시간이 지날수록 빨리 피로해진다거나 손이 떨리거나 하여 정확성에 문제가 생길 수도 있다. 반면 로봇 수술은 의사가 앉은 상태에서 영상을 보면서 로봇 팔을 조작하기 때문에 피로가 덜하고 손떨림 때문에 일어날 수 있는 문제를 걱정하지 않아도 된다. 또한 사람의 손이 10cm 정도 움직일 때 로봇 팔은 5cm나 2cm만 움직일 수 있도록 조절할 수도 있어서 섬세한 수술을 할 때에 정밀도를 크게 높일 수 있다.

하지만 로봇 수술에 장점만 있는 것은 아니다. 감촉을 느낄 수 없다는 점이 가장 큰 문제다. 손으로 직접 수술 도구를 다룰 때에는 손끝으로 느껴지는 감촉이 대단히 중요한 정보가 된다. 예를 들어 메스로 어떤 부위를 자를 때 정확하게 원하는 정도만 자르기 위해서는 힘 조절이 필요하다. 이럴 때 의사는 손을 통해서 느끼는 감촉을 통해 힘을 조절한다. 또한 수술 부위나 암 덩어리를 직접 만져서 그 종류나 특징을 파악하기도 하는데 로봇 수술은 감촉을 느낄 수 없다는 면에서 약점이 있다.

능숙해지기까지 시간이 오래 걸리는 것도 문제다. 간접적으로 로봇 팔을 조작해서 수술을 해야 하기 때문에 손으로 직접 수술 도구를 다루는 것과는 감이 다를 수밖에 없다. 이미 수술 경험이 많은 의사라고 해도 로봇 팔을 사용해 수술 도구를 자유자재로 다루고 또 정확하게 수술하기 위해서는 많은 훈련과 연습이 필요하다. 장비의 가격이 한 대에 20억 원을 넘기 때문에 일반적인 수술법보다 비용이 많이 드는 것도 문제점으로 지적된다.

로봇 수술은 그 역사가 매우 짧다. 현재 의료 현장에서 가장 많이 쓰이고 있는 로봇 수술 장비인 다빈치 로봇 수술기는 2000년에 들어서 미국 식품의약국^{FDA}의 승인을 받았다. 한국에서는 2005년에 처음으로 로봇 수술이 이루어졌다. 그 이후로 보급이 빠르게 늘어서 이제는 50대 이상의 로봇 수술 장비가 대학병원과 대형 종합병원에서 사용되고 있다.

비록 로봇 수술 장비는 현재 미국이 가장 앞서가고 있지만 이 장비를 이용한 수술 실력에서는 한국 의료계가 정상급으로 인정받고 있다. 해외에서는 로봇 수술의 활용이 주로 전립선암이나 자궁암 수술과 같은 제한된 영역에 집중되어 있는 반면 한국의 의료진은 기존에 시도되지 않던 각종 암 수술에 로봇 수술을 과감하게 도입해서 활용의 폭을 크게 확장시켰다.

한국이 가장 많은 새로운 로봇 수술법을 개발한 나라로 명성을 얻으면서 이제는 세계의 의사들이 한국으로 기술을 배우러 오고 있다. 한국의 의료진들이 개발한 위암, 직장암, 전립선암, 갑상선암 로봇 수술법은 국제 표준 지위를 얻었고, 다빈치 개발사인 인튜이티브 서지컬의 교육용 DVD에까지 수록되었다. 또한 미국이나 유럽의 로봇 수술 관련 학회에서 한국의 로봇 수술 전문가들을 초청해서 수술법을 지도 받거나 실제 로봇 수술 장면을 참관하기 위해서 한국을 방문하기도 한다.

2009년에는 아시아에서는 홍콩에 이어 두 번째로 한국에 국제 로봇 수술 트레이닝센터가 설립되었다. 이 트레이닝센터에서 한국은 물론 해외의 의료진들도 로봇 수술 교육과 실습을 받고 있으며, 전 세계 30개국이 넘는 나라에서 해마다 2,000명 이상의 의사들이 로봇 수술 기술을 연마하기 위해 한국을 찾고 있다. 이제는 로봇 수술 장비 개발사가 신제품 개발 과정에서 한국 의료진들의 의견을 적극 반영하는 단계에까지 이르고 있다.

의료진의 로봇 수술 기술은 세계 최고로 인정받고 있지만 핵심이라고 할 수 있는 로봇 수술 장비는 아직까지 미국의 인튜이티브 서지컬이 시장의 90% 이상을 독점하고 있다. 이를 극복하기 위해 로봇 수술 장비를 국산화하기 위한 연구도 이어지고 있다. 한국과학기술원KAIST 미래의료로봇연구단은 2015년 국산 로봇 수술 장비인 아폴론을 개발하여 시연까지 성공적으로 마쳤다. 아폴론 로봇은 다빈치와는 달리 로봇 팔을 원하는 개수만큼 붙이거나 떼어낼 수

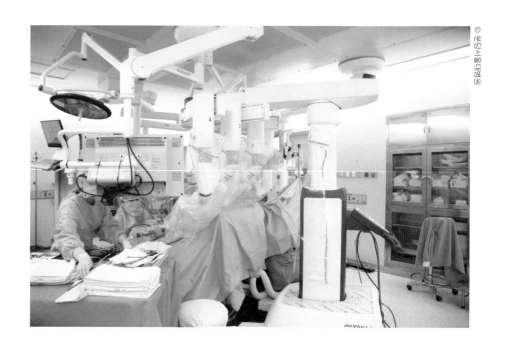

한국은 새로운 로봇 수술법을 가장 많이
개발한 나라로 명성을 얻었다.
또한 미국이나 유럽의 로봇 수술 관련 학회에서
한국의 로봇 수술 전문가들을 초청하거나 수술 과정을
참관하기 위해서 한국을 방문하기도 한다.

있으며, 팔꿈치 관절을 추가함으로써 좀 더 사람의 팔에 가까운 동작을 할 수 있다. 또한 실용성을 강화하기 위해 로봇 팔이 움직이는 방식으로 전자식과 기계식을 적절하게 혼합해서 사용했다. 따라서 중소병원에서도 도입할 수 있을 만큼 장비의 가격을 크게 낮출 수 있을 것으로 기대된다.

아폴론 로봇이 앞으로 상용화 단계에 접어들면 외국산 로봇 수술 장비를 대체하는 효과는 말할 것도 없고 로봇 수술 장비의 비용이 대폭 낮아지므로 로봇 수술이 가능한 병원이 많아질 뿐만 아니라 수술비용도 크게 낮아져서 더 많은 환자가 혜택을 볼 수 있을 것으로 기대된다.

최근에는 무흉터 로봇 수술 기술 개발 경쟁이 이루어지고 있다. 무흉터 수술이란 입, 코, 항문, 배꼽과 같이 우리 몸에 자연적으로 나 있는 구멍을 통해서 카메라와 수술 도구를 넣음으로써 겉으로 흉터를 전혀 남기지 않는 방법이다. 예를 들어 입을 통해서 수술 장비를 넣은 후, 소화기를 따라 내려가다가 수술 부위 근처에서 몸 안에 작은 구멍을 뚫어서 수술 부위로 들어가는 방법이다. 아직까지 무흉터 수술은 초기 단계에 있다. 이 수술을 위한 로봇 개발은 외부에서 구멍을 뚫는 방식보다 몇 배나 어렵다. 일단 우리 몸 안의 통로는 많은 굴곡으로 이루어져 있는데, 이 통로를 따라갈 때에는 몸에 상처를 내지 않고 유연하게 움직이다가 수술을 진행할 때에는 충분한 힘을 내고 위치도 고정되어 있어야 하기 때문이다.

나노 로봇 역시도 관심을 받고 있는 기술이다. 혈관 속으로 들어갈 수 있는 아주 작은 크기의 로봇을 만들어 몸 안으로 넣으면 로봇이 혈관을 따라 수술이 필요한 부위로 가서 작업을 하는 것이다. 혈관이 좁아진 곳을 뚫거나, 뇌 속으로 들어가서 종양을 잘라내거나 하는 수술도 가능하다. 첨단 수술 기법과 이를 위한 로봇 장비의 개발을 위해 전 세계적으로 치열한 기술 개발이 이루어지고 있는 상황에서 한국도 외국의 장비를 사용한 치료 기술 개발에 머무르지 않고 우리나라의 기술로 첨단 장비를 개발할 정도로 발전하고 있다.

— 20년 이상 미국에서 심장 전문의로 활동하다가 2003년에 분당서울대병원이 개원했을 때 귀국해서 2년 동안 심장센터 센터장으로 계셨습니다. 그 후 미국으로 돌아가셨다가 2013년에 다시 귀국하여 국제진료센터 센터장을 맡고 계십니다. 한국에 돌아오기로 결심하신 계기가 궁금합니다.

처음에 미국에 갔을 때에는 그곳에서 오랫동안 생활할 것이라고 생각한 것은 아니었습니다. 당시 미국행을 선택한 한국 의사들은 취업비자나 이민비자를 받아서 갔는데, 이민을 목적으로 했다기보다는 의학을 배우고 수련하는 과정이 워낙에 길기 때문에 편의를 위해서라고 보는 편이 정확할 것입니다. 하지만 미국에서 자리를 구하고 의사로 정착한 뒤에는 미국에서 계속 활동하는 사람이 많았습니다. 그때만 해도 한국의 현실은 많은 부분이 뒤떨어져 있었고, 바깥에서 보기에도 매력적으로 보이지 않았습니다.

하지만 미국에서 의사 생활을 하는 동안에도 한국은 자주 오갔습니다. 한국에는 부모님과 친척들, 그리고 많은 친구가 있었죠. 한국 의학계와도 계속 교류를 맺고 있었습니다. 틈틈이 한국에 와서 동료와 선배 교수님들을 만나기도 하고, 모교에서 강의를 하기도 했습니다. 그러다가 모교에서 분당에 새롭게 병원을 짓는다는 소식을 들었습니다. 새 병원에 심장센터를 만들 예정인데 센터의 셋업을 맡아주면 어떻겠느냐는 제의를 받게 되었습니다. 이제는 모국에서 일해야 하지 않겠나 하는 생각에 결심하고 제의를 받아들였습니다.

2년 동안 심장센터를 셋업한 뒤에 다시 미국으로 돌아갔습니다만, 이번에는 국제진료센터 센터장 제의가 들어왔습니다. 때마침 많은 관심을 두고 있던 문제가 '문화적 차이'였습니다. 같은 병이라고 해도 병의 진행과 치료 양상은 한국과 서양 패턴이 임상적으로 상당히 다르게 나타납니다. 예를 들어 식도암의 경우 한국과 서양의 패턴이 확실한 차이를 보입니다. 기존의 의학적 패턴으로는 이해가 안 되는 차이들이 여러 가지 있는데, 그 이유로 주목하고 있는 부분은 각 나라나 지역, 민족에 따른 문화적인 차이입니다. 한편으로는 한국인의 병의 패턴이 서양과 비슷해져가는 추세도 있습니다. 한국에서 이러한 문제를 좀 더 연구해보고 싶다는 생각이 들었습니다.

개인적으로도 이제는 자녀들이 다 성장해서 독립했으니 제가 흥미를 가지고 도전하고 싶은 일을 선택할 자유의 폭이 커졌다고 볼 수 있습니다. 한국에 친척과 친구들도 많이 있고, 모국이 주는 마음의 편안함도 있고, 그래서 다시 한국으로 돌아오기로 결심했습니다.

—   국제진료센터에서는 외국인 환자 치료에 주력하고 있는 것으로 알고
     있습니다. 최근 들어서 병을 치료하기 위해 한국을 찾는 외국인 환자
     가 늘고 있는데, 이곳에서 치료를 받았던 환자들 가운데 기억에 남는
     사례는 무엇입니까?

최근에 기억에 남는 환자라면 6개월 전에 아랍에미리트의 어린이 환자가 우리 병원에 왔습니다. 전신에 3도 화상을 입었는데 아무 데서도 받아주는 병원이 없어서 앰뷸런스에 비행기에 열다섯 시간이 넘게 걸려서 한국까지 왔습니다. 예상 사망률이 40%나 될 정도로

같은 질병이라도 각 나라와 지역, 민족에 따른 문화적 차이로 말미암아 병의 진행과 치료 양상은 상당히 다르게 나타난다.

심각한 상태였습니다. 날마다 마취를 하고 상처를 치료하면서 고통스러운 치료를 했습니다만, 다행히 치료에 성공해서 목숨을 건지고 고향으로 돌아갈 수 있었습니다. 물론 완전히 치료가 끝난 것은 아니고 장기적으로는 미용성형을 비롯해서 수술이나 치료도 많이 남아 있지만 그래도 아무 데서도 받아주지 않아서 한국까지 왔던 아이가 살아 돌아간 것이 기억에 남습니다.

심장병과 당뇨병, 노인성 질환을 한꺼번에 앓고 있던 카타르 환자도 기억에 남는군요. 대량 장 절제수술을 하고 몇 달 동안을 입원해 있었습니다. 가족들과 친척들이 한국까지 찾아오기도 했고, 대사관 직원이 문병을 오기도 했습니다. 카타르에서는 상당히 영향력이 있는 분이었는데, 입원해 있는 동안 많이 이야기하고 교류했던 분이었습니다. 그런 인간적 교류가 의학을 하는 재미이기도 합니다. 때로는 실패하는 쓰라림을 겪을 때도 있지만 환자를 살리고 환자가 나아가는 모습을 보면서 인간적인 보람을 느끼고 환자와 의사가 사람 대 사람으로서 마음을 나누는 것, 그게 의학이 주는 진정한 재미가 아닐까 합니다.

한국은 '글로벌 헬스 케어'에서 점점 역할을 확대해가고 있습니다. 이는 의학의 발전이나 경제적인 이점이 있기도 하지만 하나의 의무이기도 합니다. 선진국으로 진입하려면 돈을 많이 벌고 경제적으로 부강해지는 것도 중요하지만 세계 시민의 일원으로서 해야 하는 일이 있습니다. 그중에서도 사람의 생명을 구하는 헬스 케어는 아주 중요합니다. 국제적인 윤리적 의무이기도 하지만 외교의 중요한 수단이기도 합니다. 예를 들어 선진국들은 아프리카에 백신을 공급하고, 병원을 짓고, 저개발국가를 위한 의료 지원에도 열을 올리고 있습니다. 윤리적 의무라는 측면도 있지만 많은 잠재력을 가진 아프리카의 미래를 보고 투자하는 방법이기도 합니다. 한국이 먼 장래를 내다본다면 아프리카를 비롯한 저개발국가의 의료 지원뿐만 아니라 앞으로 다양한 분야의 글로벌 헬스 케어에 더 많은 투자를 해야 합니다.

진짜 '힐링'을 위해
한국을 찾는 외국인들

월드컵 4강 신화를 일군 네덜란드의 거스 히딩크 감독은 2014년 초에 한국을 찾았다. 히딩크 감독은 일주일 동안 병원에 입원해서 여러 가지 치료를 받았다. 고질병이었던 무릎 관절염 수술, 그리고 초음파로 복부지방을 제거하는 리포소닉과 이마 피부를 위쪽으로 팽팽하게 당겨주는 성형을 받았다. 히딩크 감독은 인터뷰에서 "한국에 있는 의사들을 전적으로 신뢰합니다. 예전부터 그들을 알았으며, 검사를 받고 어떤 수술이 필요한지 결정할 계획입니다"라고 밝히면서 한국 의료 기술에 대한 신뢰를 표현했다.

최근 들어 의료관광Medical Tourism이 세계적으로 주목을 받으면서 외국에서 치료를 받으려는 환자들을 잡으려는 국제 의료계의 경쟁도 치열해지고 있다. 의료관광은 주로 의료 기술이나 시설이 열악한 나라에서, 국내에서는 치료가 힘들거나 위험성이 높은 병을 고치기 위해 의학이 발전한 선진국을 방문하는 패턴이다. 같은 수준

한국은 2009년부터 외국인 환자 유치가 법적으로 허용되어 의료관광 산업을 육성하기 위한 여러 가지 정책을 추진하고 있다.

의 치료를 더 저렴한 비용으로 받을 수 있는 국가를 찾기도 하며, 각 국의 의료 관련 법제도 차이 때문에 자국에서는 불가능한 수술이나 치료를 받기 위해 다른 나라로 가기도 한다. 최근에는 '의료관광'이 라는 말뜻 그대로 병의 치료와 관광, 휴양을 병행하면서 몸과 마음 의 건강을 되찾으려는 환자들이 늘어나고 있다.

이미 싱가포르, 태국, 인도를 비롯한 아시아 국가들은 의료관광 산업의 가능성에 주목하고 인프라를 구축해왔다. 2011년 기준으로 태국은 연간 156만 명, 인도는 73만 명, 싱가포르도 72만 명의 외국 인 환자를 유치했다. 이들 국가는 의료서비스는 물론 스파, 마사지 를 비롯한 건강 관리 서비스와 관광까지 연계한 상품들을 개발하여 의료관광 산업에서 선두권을 달리고 있다.

한국도 2009년부터는 외국인 환자 유치가 법적으로 허용되기 시작했고 의료관광 산업을 육성하기 위해 여러 가지 정책을 추진해왔다. 비록 후발주자이긴 하지만 세계 최고 수준의 의료 기술과 시설을 갖춘 한국은 세계 시장에서 점유율을 빠르게 확대해가고 있다.

보건복지부에 따르면 2015년 한국을 찾은 외국인 환자의 수는 29만 7,000명으로 파악되어 30만 명 선을 눈앞에 두고 있다. 1년 전 26만 7,000명과 비교하면 11%나 증가한 수치이며, 외국인 환자 유치가 허용된 2009년과 비교하면 다섯 배 가까이 늘어난 고속 성장을 보이고 있다. 외국인 환자의 국적으로 보면 중국이 약 3분의 1을 차지하여 1위를 기록했고 미국, 러시아, 일본, 카자흐스탄, 몽골 등이 그 뒤를 잇고 있다.

진료 수입은 6,694억 원으로 한 해 전보다 20.2%가 늘어났다. 환자 수의 증가보다 수익의 증가가 빠르게 나타나고 있다는 것은 그만큼 의료관광의 부가가치가 높다는 것을 뜻한다. 1인당 평균은 225만 원으로 전년도보다 7.9% 늘어났다. 특히 1억 원 이상의 비용을 쓴 관광객의 수는 2014년보다 29%나 증가해서 난치병 및 난이도가 높은 수술 치료를 받기 위해 한국을 찾는 외국인 환자가 빠르게 늘고 있는 것으로 나타났다.

흔히 한국을 찾는 외국인 환자라고 하면 성형외과나 피부과 같은 미용 목적의 시술을 생각한다. 하지만 진료 과목별로 보면 내과 환자가 21.3%로 가장 많은 것으로 나타났다. 성형외과나 피부과 환자의 비중도 높게 나타났지만 건강검진, 정형외과, 산부인과, 외과 환자를 비롯하여 다양한 분야에 걸쳐 폭넓게 환자가 늘어나는 추세다.

심각한 질환 또는 치료가 까다로운 병을 치료하러 온 중증 환자들도 꾸준히 늘고 있다. 1억 원 이상의 비용을 쓴 외국인 환자의 수는 2009년에는 10명이었지만 2012년에는 82명, 2014년에는 210명, 그리고 2015년에는 전년도보다 29% 늘어난 271명으로 빠르게 늘고 있다. 순천향대학교병원에 따르면 전체 외국인 환자들 중 중증 환자의 비율은 2013년 31%에서 2015년에는 36%로 늘어났다. 특히 혈액암, 뇌졸중 및 뇌암 환자가 큰 폭으로 증가한 것으로 나타났다. 그만큼 한국의 난치병 치료 기술이 세계적으로 인정받고 있다는 의미다. 아랍에미리트는 2011년부터 환자 송출 협약을 맺고 아랍에미리트의 국비로 치료하는 환자들 중 선진 의료 기술을 필요로 하는 이들을 한국에 보내는 프로그램을 진행하고 있다.

또한 단순히 한국에 오는 외국인 환자들을 치료하는 수준을 넘어 한국 의료기관이 해외로 진출하거나 의료 시스템 및 치료법의 수출과 같은 다양한 방법으로 세계 의학계에서 한국의 입지를 넓혀 가는 노력도 계속되고 있다. 예를 들어 서울대병원은 아랍에미리트 아부다비에 있는 왕립 쉐이크 칼라파 전문병원 위탁 운영을 위한 계약을 체결했다. 서울대병원은 아랍에미리트 대통령실로부터 운영 예산으로 5년 동안 약 1조 원을 지원 받고 의료진 파견뿐만 아니라 전반적인 병원 운영까지 맡기로 했다. 서울성모병원도 아랍에미리트의 아부다비 및 두바이에 검진센터 설립 계약을 체결했다. 또한 분당서울대병원은 사우디아라비아의 여섯 개 병원에 병원 정보 시스템 구축 사업을 진행하고 있다.

외국인 환자의 유치, 그리고 우리 의료 기술과 시스템의 수출은 경제적으로도 큰 효과를 낼 수 있지만 세계 의료계에서 한국의 위상을 높이는 효과도 기대할 수 있다. 또한 아랍에미리트의 환자 송출 협정과 같이 의료를 매개로 국가 사이의 관계를 돈독하게 하는 외교 효과까지 얻을 수 있다.

—　　　　요즈음 관심을 가지고 있거나 연구하고 있는 분야가 있다면 소개를
　　　　　부탁드립니다.

요즈음은 정밀 의료^{Precision Medicine}라는 주제에 많은 흥미를 가지고
있습니다. 앞서 말씀드렸지만 똑같은 병을 똑같은 방법으로 치료한
다고 했을 때, 미국인이냐 한국인이냐에 따라서 그 경과가 달라지
는 모습을 임상 현장에서 종종 목격하게 됩니다. 예를 들어 우리나
라가 특정한 질병에서 높은 치료율을 보인다고 했을 때, 그 치료법
을 미국이나 유럽으로 가지고 가서 그대로 적용한다고 해서 비슷한
치료율을 보인다는 보장이 없습니다. 어떤 나라에서 특정한 질병에
대한 치료율이 높다고 해서 그것이 곧 그 나라의 의학 수준을 말해
준다고 장담할 수 없는 이유입니다.

　이와 같은 차이에는 수많은 요인이 개입되어 있을 것입니다. 여
기에는 여러 가지 이유가 있습니다. 유전자의 차이도 있을 수 있고,
나라나 지역별로 생활습관이나 환경의 차이, 문화의 차이가 작용할

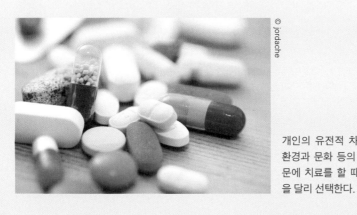

© jordache

개인의 유전적 차이와 생활습관,
환경과 문화 등의 차이가 있기 때
문에 치료를 할 때 사용하는 약품
을 달리 선택한다.

수도 있습니다. 정밀 의료는 각 개인이 가지고 있는 여러 가지 차이에 따라서 똑같은 질환이라고 해도 어떻게 다른 양상으로 발전하는지, 그에 따라 어떤 방법으로 치료를 하고 어떤 약품을 사용할 것인지를 정해야 합니다.

2015년에는 미국의 버락 오바마 대통령이 직접 정밀 의료 추진계Precision Medicine Initiative를 발표하면서 세계적으로 주목을 받고 있습니다. 하지만 아직까지는 초기 단계이고 이제 막 치료에 적용을 시작한 수준입니다. 의료 선진국이든 그렇지 않은 나라든 아직은 별 차이가 없기 때문에 우리나라도 충분히 도전해볼 만합니다. 앞으로 능력 있는 젊은 의학자들이 이 분야에 많이 도전하기를 기대합니다.

의료의 미래,
정밀 의료란?

똑같은 병이라고 해도 지역, 민족 또는 혈연에 따라서 다른 전개를 보이거나 같은 치료법에도 다른 결과가 나타난다. 똑같은 치료법을 사용했는데도 어떤 사람에게는 좋은 결과가 나타나지만 어떤 사람에게는 별 효험이 없을 수도 있다. 어떤 사람에게는 다른 사람에게는 나타나지 않는 부작용이 일어날 수도 있다.

최근 들어 의학계는 이러한 '차이'에 주목하기 시작했다. 개개인별로 유전자에 차이가 있고, 생활습관이나 환경, 문화에 차이가 있으며, 이러한 차이들은 특정한 병에 유난히 민감하거나 반대로 강한 특성으로 나타날 수 있다. 따라서 같은 질병이라고 해도 일률적인 치료법을 적용하는 것이 아닌, 환자의 차이에 따라서 그에 가장 최적화된 치료법을 적용하는 것이 정밀 의료의 기본 개념이라고 할 수 있다.

지금의 의학계도 개인의 유전자 특성 및 생활환경과 습관의 차이에 따라서 병과 치료의 양상에 차이가 있다는 것을 알고 있고, 이러한 차이를 감안하여 최적의 치료 방법을 적용하려고 한다.

이제까지 환자의 치료 방법은 대체로 의사의 경험에 의존하는 부분이 컸고, 환자를 체계적이면서도 정밀하게 분류할 수 있는 기준이나 데이터도 부족했다. 그러나 인간 유전자에 대한 이해가 늘고 빅 데이터 처리 기술이 발전하면서 정밀 의료의 시대가 성큼 우리 앞으로 다가온 것이다.

미국의 국립연구회의는 정밀 의료를 다음과 같이 정의하고 있다.

정밀 의료란 각 환자별로 개인의 특성에 따라 의학적 치료를 맞추는 것을 뜻한다. 이는 어떠한 환자에게 맞는 고유한 약이나 의료 장비를 만드는 것을 뜻하지 않으며, 개인을 특정한 질병에 대한 민감성의 차이, 질병의 생물학적 특성이나 예후가 어떻게 전개되는지의 차이, 또한 특정한 치료법에 대한 반응 차이에 따른 부분 집단으로 분류하는 것에 가깝다. 이를 통해 예방적·치료적 의학 개입은 누가 효과를 보는지, 비용을 절감할 수 있을지, 또는 효과를 보지 못할 경우에 일어나는 부작용에 집중할 수 있게 된다. '개인화 의료Personalized Medicine'라는 용어 또한 이러한 의미를 담을 수는 있지만 이 용어는 때때로 각 개인을 위해 설계된 유일한 치료법을 뜻하는 말로 오해되기도 한다.

즉 정밀 의료는 환자 한 명 한 명에게 각자 개인화된 치료법이나 약물을 개발한다기보다는 환자들을 여러 가지 기준에 따라 분류하

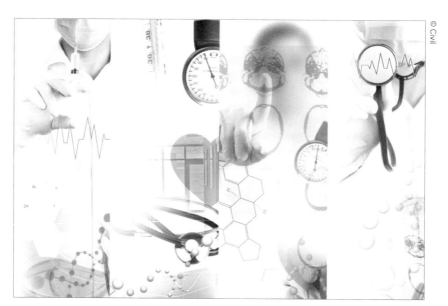

정밀 의료 시스템을 갖추려면 유전자 정보와 생체 샘플, 식습관 및 생활습관에 이르는 광범위한 개인 데이터가 필요하다.

는 것이다. 2015년, 미국의 버락 오바마 대통령은 연두 교서를 통해서 정밀 의료 계획PMI, Precision Medicine Initiative을 발표했다. 오바마 대통령은 "나는 소아마비를 없애고 인간유전체 프로젝트를 수행한 미국이 의학의 새로운 미래를 열어야 한다고 생각한다. 그리고 적절한 시간에 적절한 치료법을 제공하는 것이 필요하다"라고 정밀 의료 계획의 필요성을 역설했다.

전문가들은 정밀 의료의 성공을 위해서 세 가지 조건을 제시한다. 첫째는 인간 유전자의 완전한 해독, 둘째는 생체의학 관련 데이터 분석 기술, 셋째는 인간에 관련된 빅 데이터를 처리하고 활용하는 기술이다. 미국의 정밀 의료 계획은 이를 위한 기반을 조성하는 프로젝트라고 할 수 있다.

정밀 의료의 시스템을 갖추는 데 가장 핵심이 되는 요소로는 코호트cohort를 꼽을 수 있다. 코호트란 연구에 필요한 데이터를 제공하는 집단을 뜻한다. 미국은 정밀 의료를 위해서 약 100만 명으로 구성된 방대한 코호트를 구축할 계획을 세우고 있다. 여기에는 유전자 정보와 생체 샘플, 식습관 및 생활습관에 이르는 광범위한 개인 데이터가 들어간다. 이러한 코호트를 구축한 후 의료계에 데이터를 제공함으로써 각종 연구와 치료법 개발에 활용할 수 있는 기반을 구축할 수 있다. 의학과 빅 데이터 기술의 결합인 셈이다.

한국은 이러한 의료 빅 데이터의 구축에 상당히 유리한 조건을 가지고 있다. 무엇보다도 국민건강보험이 그동안 축적시켜 온 방대한 데이터가 그 밑거름이다. 이미 국민건강보험공단과 건강보험심사평가원은 수십 년에 걸친 전 국민의 건강정보를 데이터베이스화하고 있으며, 국제적인 수준의 코호트 데이터도 우리 국민 전체의 2%에 해당하는 약 100만 명 분량 정도를 확보하고 있다. 이미 미국의 PMI가 목표로 하고 있는 코호트 데이터의 상당 부분을 확보하고 있다는 뜻이다. 또한 국립보건연구원은 국가 바이오뱅크 네트워크를 운영하면서 60만 명이 넘는 한국인의 인체자원 정보 역시 확보하고 있다.

정부에서도 '대한민국의 미래를 책임질 9대 국가전략 프로젝트'의 하나로 정밀 의료를 선정하고, 이를 위한 기반 구축 사업을 추진하고 있다. 이에 따르면 기존의 코호트 데이터를 보강하여 2021년까지 건강한 사람과 환자를 합쳐서 정밀 의료를 위한 최소 10만 명 분량의 코호트를 구축할 예정이다. 이 코호트는 연구와 기술 개발을 목적으로 개방함으로써 정밀 의료의 발전을 촉진시킬 것이다. 우리나라는 방대한 양의 의료 정보를 가지고 있으면서도 여러 기관으로 분산되어 있는 데다가 기관별로 협조가 잘 이루어지지 않아서 데이터가 흩어져 있고 통합 활용하는 데에 어려움이 많았다. 앞으로는 각각의 기관이 가지고 있는 정밀 의료 관련 데이터를 공동으로 활용할 수 있는 통합 시스템이 구축될 예정이다. 더 나아가 또한 국내에서만 이러한 데이터를 활용하는 것이 아니라 국제적으로 코호트를 공유하고 연구 개발에 활용할 수 있도록 국제 표준을 도입하거나 표준을 제정하는 데 적극 참여할 계획도 세우고 있다.

현재 정밀 의료가 가장 주목하고 있는 병은 암이다. 미국의 정밀 의료 계획도 그 초점을 암에 두고 있다. 암은 특히 개인의 특성에 따라 병의 진행이나 증상, 치료법에 의해 반응에서 많은 차이를 보이기 때문에, 정밀 의료가 발전하면 개인의 특성에 따라 치료약이나 치료법을 맞춤형으로 적용할 수 있을 것으로 기대된다. 즉 암 환자를 진단한 의사가 환자의 유전자나 식습관, 생활습관 및 환경 데이터를 입력하면 코호트를 기반으로 한 빅 데이터 시스템은 이 환자가 어떤 집단에 속하는지를 분류한다. 그러면 의료진은 환자의 분류된 집단에서 가장 좋은 효과를 낼 수 있는 치료법과 치료약을 환자에게 적용할 수 있다.

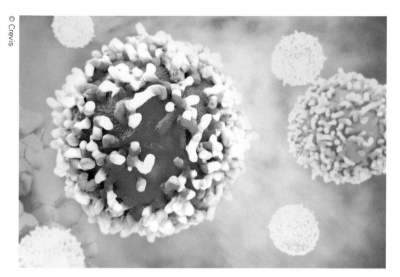

정밀 의료가 가장 주목하는 병은 암이다. 암은 우리 몸의 유전자, 면역 체계와 많은 연관성을 가지고 있기 때문이다.

특히 암이 많이 진전되어 다른 장기에까지 전이된 말기암 환자들에게 정밀 의료가 큰 도움이 될 것으로 기대되고 있다. 암은 우리 몸의 유전자, 그리고 면역 체계와 많은 연관성을 가지고 있다. 우리 몸에서는 사실 날마다 암세포가 만들어지고 있다. 우리 몸을 구성하고 있는 세포는 계속 분열하면서 새롭게 교체되는데, 이 과정에서 유전자 정보에 '오류'가 있는 비정상적인 세포, 즉 암세포가 만들어진다.

평소에는 우리 몸의 면역 체계가 이러한 암세포를 찾아내서 죽이므로 별 문제가 없다. 그런데 어떤 이유로인가 면역 체계가 제구실을 못하거나 유전자에 결함이 있어서 특정한 종류의 암세포에 면역력을 발휘하지 못한다면 암이 생길 위험이 커진다. 바꿔 말하면 각 개인별로 유전자에 어떤 약점이 있는지를 파악할 수 있다면 그 약점을 보완해서 면역 체계를 강화하는 방법으로 암 치료에 극적인 효과를 기대할 수 있다.

인간 유전자에 대한 연구가 진전을 이루고 비밀이 속속 밝혀지면서 어떤 유전자의 약점이 특정 암을 생기게 만드는지도 규명되어 가고 있다. 이러한 원리를 이용하여 표적치료제가 활발하게 개발되어 말기암 치료에 상당한 성과를 내고 있다. 이러한 표적치료제는 암 자체를 죽이지는 못하더라도 암이 더 심해지지 않도록 억제함으로써 암 환자들이 정상적인 삶을 살 수 있도록 도움을 주고 암 치료의 효과를 높여준다. 인간 유전자의 연구가 더욱 활발해져 정밀 의료가 발전하면 표적치료제 및 치료법 개발에도 큰 진전을 기대할 수 있다.

미국의 정밀 의료 계획은 이미 개발되었거나 개발 중인 암 치료제가 환자들의 특성에 따라서 어떤 효과와 부작용을 나타내는지 임상시험을 통해 추적하고, 이를 데이터베이스화하는 것을 목표로 하고 있다. 이를 위해 미국의 국립암센터[NCI]는 약 3,000여 명의 암환자들에게서 암세포 샘플을 채취하고, 암의 유전자 배열을 분석함으로써 암 치료제의 효과가 암 유전자에 따라서 어떻게 다르게 나타나는지를 시험하고 그 결과를 데이터베이스로 구축할 예정이다.

우리나라에서도 한국인들에게 많이 일어나는 3대 암인 폐암, 위암, 대장암 치료에 정밀 의료를 적용할 계획을 추진하고 있다. 먼저 환자 1만 명의 유전체 정보를 확보하고 이를 기반으로 맞춤형 항암 진단 및 치료법을 개발하는 것이다.

이러한 계획이 실현되면 2025년에는 3대 암의 말기 환자 5년 생존율이 지금의 8.4%에서 6% 늘어난 14.4%까지 높아질 것으로 예상된다. 또한 스마트폰을 비롯한 모바일 기기를 통해서 암을 비롯한 만성질환을 치료한 사람들, 또는 노인들이나 직장인들이 효과적으로 건강을 관리할 수 있는 프로그램을 개발할 뿐만 아니라 첨단 모바일 기기도 개발할 계획이다. 세계 최고 수준인 정보통신기술을 의료에 접목함으로써 정밀 의료의 효과를 극대화하는 것이다.

정밀 의료는 이제 막 본격적으로 시동을 건 분야이고 의료 선진국들이 앞 다투어 뛰어들고 있다. 미국에서 버락 오바마 대통령이 직접 정밀 의료 계획을 발표하고 그 중요성을 역설한 것이 좋은 본보기다. 보건복지부에 따르면 정밀 의료 산업의 규모는 2015년 45조 원에서 연평균 12.6%씩 성장해서 2025년에는 147조 원 규모로 확대될 것으로 추정하고 있다. 한국도 세계 정밀 의료 시장의 7%를 점유함으로써 10.3조 원의 부가가치를 창출하고 약 12만 명의 고용 창출을 가져온다는 야심찬 계획을 세우고 본격적인 경쟁을 선언했다.

앞서 살펴본 것처럼 한국은 국민건강보험을 통한 많은 양의 개인 건강 관련 데이터를 보유하고 있으며, 세계 최고 수준을 자랑하는 정보통신기술은 빅 데이터의 처리와 모바일 기기와의 연동과 같은 부분에서 강점을 가지고 있다. 의료의 많은 부분이 정보통신기술과 관련이 있다는 특징은 정보통신기술이 뛰어난 한국에게 강점이 될 것이다. 짧은 시간 동안 선진국 수준의 의학 발전을 이룬 한국은 이제 미래 의학의 근간을 바꾸는 혁신이자 4차 산업혁명의 핵심 산업 중 하나로 꼽히는 정밀 의료 분야를 선도해나갈 채비를 하고 있다.

의사는 한국에서도 인기 있고 선망하는 직업 가운데 하나입니다. 의
학에 뜻을 두고 있거나 관심을 가진 청소년들에게 들려주고 싶은 말
씀이 있으시다면 부탁드립니다.

흔히 의학을 공부한다고 하면 대학을 졸업하고 인턴과 레지던트를
거쳐서 의사가 되는 것을 생각합니다. 하지만 의학을 통해서 나갈
수 있는 길은 그보다 훨씬 다양합니다. 의학 안에도 수백 수천 가지
의 다양한 갈림길이 있습니다. 의학을 전공한 후에 의사 대신 한평
생을 연구실에서 보낼 수도 있습니다. 더 폭을 넓힌다면 의료계 바
깥으로도 나아갈 수 있습니다.

세계은행의 김용 총재는 하버드대학교에서 의학과 인류학을 전
공했습니다. 그런데 잘 알려진 대로 그분은 의사로서 편안하게 사
는 삶 대신 질병과 가난을 퇴치하기 위한 활동을 펼쳤습니다. 우리
나라의 명실상부한 최초의 컴퓨터 백신 프로그램도 당시 의사였던
안철수 씨가 만들었습니다. 그리고 의사 출신, 또는 의학을 전공한
행정가나 정치가, 법률가들도 있고 의학 전문기자들도 있습니다.
그런 분들이 소설가나 미술가와 같은 예술 분야로 진출해서 성공을
거두는 경우도 많습니다. 의학을 바탕으로 얼마든지 다양한 분야로
나아갈 수 있습니다.

그렇다면 의학이 의료계 바깥의 다양한 분야로 나아가는 좋은
교두보가 될 수 있는 이유는 무엇일까요? 아마도 의학의 본질이 사
람과 사람 사이의 관계를 중시하는 학문이기 때문일 것입니다. 좋
은 의학자가 되기 위해서는 단순히 학문과 기술을 연마하는 것으로

의학은 인간에 대한 종합적인 통찰을 필요로 한다.

그쳐서는 안 됩니다. 좋은 인성을 길러야 하고 책을 많이 보면서 폭넓은 식견을 쌓아야 합니다. 의학은 과학의 문제이기도 하지만 사회의 문제, 문화의 문제이기도 합니다. 따라서 인간에 대한 종합적인 통찰이 필요합니다. 의학이라는 학문을 꼭 '의사'와 연결시키지 말고, 좀 더 넓은 시각에서 바라보고 많은 관심을 가져주기를 당부드립니다.

도움을 받던 나라에서 도움을 주는 나라로, WHO 모범 졸업생 대한민국

2012년 9월 말, 세계보건기구WHO의 한국사무소가 문을 닫았다. 1965년 1월에 WHO 주한대표부가 문을 연 지 47년 만의 일이다. 하지만 WHO 한국사무소 폐쇄는 우리에게는 '졸업'의 의미를 가진다. WHO 한국사무소는 보건 환경이 열악했던 한국에서 기생충 박멸과 결핵, 한센병, 말라리아와 같은 전염병 퇴치, 그리고 천연두 및 홍역 예방 백신 개발을 지원하면서 한국의 보건 의료 환경 개선에 크게 이바지했다. 또한 장학 사업을 통해서 한국의 의사와 간호사, 보건 공무원에게 유학의 기회를 제공하기도 했다.

하지만 한국이 빠른 성장을 거듭해 선진국 대열 진입을 상징하는 경제협력기구OECD에 가입까지 이루어내면서 WHO는 한국 활동을 축소해 나갔다. 1999년에는 주한대표부가 연락사무소로 축소되었고, 2004년에는 외국인 연락관이 철수했다. 이후 WHO 사무실은 서태평양지역 사무처 파견 직원 1명만이 근무했고, 2012년에 완전 철수가 결정되었다. WHO 주한대표부가 문을 열었을 때의 한국은 WHO로 많은 도움을 받아야 했던 수혜국가였지만 지금은 1,000만 달러 이상의 의무분담금을 내는 지원국가로 탈바꿈했다. 이는 2012년 기준으로 세계 11위, 서태평양 지역에서는 일본 다음 으로 많은 규모다.

한국은 WHO 안에서도 활발한 활동으로 세계의 보건 향상에도 이바지하고 있다. 그중 가장 대표적인 인물은 제6대 사무총장을 역 임한 이종욱 박사다. 2003년 7월, 한국인으로는 최초로 유엔 산하 국제기구의 수장을 맡은 이종욱 박사는 서울대학교 의대 재학 시절 부터 경기도 안양의 나자로 마을에서 한센병 환자들을 위한 봉사활 동을 펼쳤다.

대학교를 졸업한 이종욱 박사는 1981년 남태평양 사모아에서 한 센병 환자를 돌보면서 본격적인 봉사활동을 시작했고, 1983년부터 는 피지에서 WHO 한센병 관리책임자로 근무하면서 WHO와 인 연을 맺기 시작한다. 특히 WHO 본부 예방백신사업국장으로 일할 때에는 소아마비 백신 보급을 통해서 소아마비 유병률을 세계인구 1만 명당 1명 이하로 떨어뜨리는 극적인 성과를 거두었다. 미국의 과학잡지『사이언티픽 아메리칸Scientific American』에서는 그를 '백신의 황제'라고 부르기까지 했다.

WHO 사무총장 선임정책자문관 및 결핵국장을 거쳐서 2003년 WHO 사무총장에 당선된 그는 취임 공약으로 300만 명의 에이즈 환자에게 치료약을 제공하겠다고 선언했다. 하지만 에이즈 환자의

1960년대에는 선진국들의 도움에 의존해야 했던
한국이지만 50년이 지난 지금은 명실상부한
의료 선진국으로 거듭났다. 다른 나라에 도움을 주고
세계의 보건 향상에 이바지하는, 세계에서 손꼽히는
WHO 모범 졸업생으로 탈바꿈한 것이다.

대다수가 의료 환경이 열악한 아프리카 지역에 있던 터라 주변에서는 실현되기 어려울 것이라고 걱정했다. 이종욱 사무총장은 "시작하기도 전에 고민만 하다간 아무것도 못한다"라는 말과 함께 공약을 실천하기 위해서 발 벗고 나섰지만 주변의 걱정처럼 에이즈 치료제 보급은 100만 명에 그침으로써 공약 이행에 실패했다. 그러나 그는 "시작하지 않는 것보다 실패는 훨씬 큰 결과를 남기는 법"이라고 말했고, 'Man of Action', 즉 '행동하는 사람'이라는 별명을 얻었다.

비록 공약 이행에는 실패했지만 100만 명이라는 많은 에이즈 환자에게 치료약을 제공했고 아프리카에서 에이즈 문제에 대한 관심이 크게 높아졌기 때문에 그의 말처럼 시작하지 않는 것보다 훨씬 큰 결과를 남긴 것은 분명했다. "우리가 쓰는 돈은 가난한 나라 분담금도 섞여 있다. 그 돈으로 호강할 수 없다"라고 하면서 항상 2등석에 최소한의 수행원만 거느리고 1년에 150일을 전 세계를 누비면서 질병과 빈곤 퇴치에 앞장섰던 이종욱 사무총장은 2004년 미국의 시사주간지 『타임』이 마련한 '세계에서 가장 영향력 있는 100인'에 선정될 정도로 세계 보건의료계에서 많은 주목과 기대를 모았지만 안타깝게도 WHO 사무총장에 취임한 지 3년 후인 2006년 5월 22일, 뇌출혈로 갑작스럽게 세상을 떠났다.

세계은행^{국제부흥개발은행의 속칭. Word Bank}의 총재를 맡고 있는 김용 박사 역시 세계 보건의료계에서 주목할 만한 발자취를 남긴 인물로 손꼽힌다. 그는 하버드대학교에서 의학박사와 인류학박사 학위를 받았지만 애초부터 그의 목적은 의사가 아니었다. 그의 아버지가 "무슨 일을 하고 싶으냐"라고 물었을 때 "철학이나 정치학을 공부하겠다"라고 답하자 아버지가 "무슨 일을 해도 좋지만 의대는 끝마쳐라. 한국인이 미국에서 살려면 기술이 꼭 필요하다"라고 당부한 것은 유명한 일화다.

편안하고 부유한 의사의 삶 대신 김용 박사가 선택한 길은 의약품이 부족하고 제대로 된 치료도 받지 못해서 아까운 생명들이 꺼져가는 저개발국가 지원사업이었다. 그는 아직 의대생이었을 때부터 공중보건의료 분야의 선구자이자 의대 동창인 폴 파머와 자원의료봉사단체인 PIH^{Partners In Health}라는 단체를 만들었다. 1990년대 초 보스턴의 브리검영 병원에서 벌어진 사건은 그의 성품을 단적으로 보여준다. 하버드 의대의 실습병원이었던 브리검영 병원에 어느 동양계 하버드대학교 의과대학 교수가 찾아왔다. 그는 뛰어난 화술로 직원들을 속아 넘겼고, 직원들은 명함 한 장만을 받고 10만 달러어치나 되는 약품을 내주었다. 뒤늦게 이 사실을 안 병원장은 황급히 명함에 적힌 연락처로 연락했지만 이미 김용 교수는 약품을 들고 가난한 환자들을 치료하기 위해 페루로 가버린 뒤였다. 하버드대학교 의대 학장까지 달려와서 상황을 설명하자 병원장은 "로빈 후드가 따로 없네요. 감동입니다" 하고 껄껄 웃으면서 없던 일로 하기로 했다.

1987년에 설립된 PIH는 현재까지도 세계 각지의 저개발국가에서 치료와 구호 활동을 벌이고, 특히 결핵 치료 의약품 가격 인하 운동을 통해 약값을 90% 이상 낮춰서 결핵 환자에게 큰 도움을 주었다. 이러한 성과를 바탕으로 2004년에는 WHO의 에이즈 퇴치 부서 책임자를 맡아 에이즈 치료약을 제공 받는 환자의 수를 30만 명에서 100만 명 이상으로 끌어올렸다. 당시 WHO 수장이었던 이종욱 사무총장은 300만 명에게 에이즈 치료제를 제공하겠다는 그 목표를 이루지 못했지만, 김용 박사는 치료제 제공을 100만 명 수준까지 향상시키는 획기적인 성과를 진두지휘 했다. 이후 김용 박사는 미국 아이비리그의 일원으로 꼽히는 명문 다트머스대학교의 총장을 거쳐 2012년 저개발국가의 빈곤 퇴치와 경제개발을 지원하는 국제금융기관인 세계은행 총재 자리에 올랐다.

그 밖에도 현재 WHO를 비롯한 국제보건기구 및 구호단체에 한국인들의 참여가 점점 늘고 있다. 또한 해외에서 재난이 발생했을 때 긴급 의료 구호, 저개발국가 의료 및 약품 지원, 보건 위생 환경 개선 프로젝트를 통해서 세계의 질병과 빈곤을 퇴치하기 위한 활동의 폭을 점차 넓혀가고 있다. 1960년대에는 선진국들의 도움에 의존해야 했던 한국이지만 50년이 지난 지금은 명실상부한 의료 선진국으로 다른 나라에 도움을 주고 세계의 보건 향상에 이바지하는, 세계에서 손꼽히는 WHO 모범 졸업생으로 탈바꿈했다.

"

한국 의학은 짧은 기간에 세계적인
수준에 이르렀습니다. 그 원동력으로는
의료계나 의사들이 새로운 기술과 장비를
빠르게 받아들이는 적응력을 꼽을 수
있습니다. 이를 바탕으로 한국의 의료계는
여러 분야에서 세계적으로 앞서 나가고
있습니다. 또한 한국의 의료계는 새로운 것에
대한 호기심과 도전정신이 강합니다.
경쟁적으로 새로운 기술을 활용하고
개선시키면서 아주 빠른 속도로
발전하고 있습니다.

"

그레고리 포코니 Gregory Pokorny

캐나다 알렉산더칼리지 국제관계 코디네이터

그레고리 포코니는 캐나다 윈저대학교에서 상경학 우수학사 학위를 받은 후 한국개발연구원 국제
정책대학원에서 전략 경영을 주요 전공으로 MBA 학위를 받았다. 졸업 후 2005년부터 10년간 한
국정보화진흥원에서 일했으며, 2008년부터는 글로벌 IT 부문 글로벌 기획팀을 총괄했다. 전자정부
컨설팅 및 기술 지원, 여러 기관을 아우르는 ICT 협력, 광대역 통신망 인프라스트럭처, 전자정부 간
상호운용성, 그리고 미래 인터넷 계획이 전문 영역인 그레고리는 한국정보화진흥원 및 한국 정부
를 대표하여 30개 이상의 나라를 방문했으며 한국을 방문한 70개 이상의 국가 및 국제기구 대표
단을 대상으로 발표 및 행사 진행 등을 맡았다.

그레고리는 현재 캐나다 밴쿠버에 있는 알렉산더칼리지의 국제관계 코디네이터로 활동하고 있다.
그는 알렉산더칼리지의 비즈니스 법인인 알렉산더칼리지주식회사의 마케팅 역량을 국제적으로 확
산시키는 책임을 맡고 있으며, 학생들을 유치할 목적으로 현재 회사가 진출해 있는 국가들을 관리
하는 한편 아프리카, 동남아시아, 유라시아와 같은 신흥국에 진출하기 위한 노력도 기울이고 있다.

한국의 정보통신기술

디지털 물결 속에서
미래를 전망한다

Science & Technology in Korea

1990년대 한국의 정보통신기술은 미국이나 일본, 유럽 국가들보다는 약간 뒤처져 있었습니다. 하지만 2002년 한국과 일본이 월드컵을 공동 개최했을 때쯤에는 한국이 이미 일본을 따라잡고 ICT 리더로 나아가는 독자적인 길을 걷기 시작했다고 생각합니다. 당시는 휴대전화 같은 하드웨어에 그치지 않고 블로그나 싸이월드와 같은 서비스들이 한국 사회 전반에 걸쳐 영향을 미치던 시점이었습니다.

— 언제부터 한국의 ICT^{Information and Communications Technologies}와 관계를 맺기 시작했습니까? 그리고 어떤 계기로 한국에 관심을 가지게 되셨나요?

처음으로 한국의 정보통신기술^{ICT}과 관계를 맺은 계기는 2003년부터 2005년까지 한국개발연구원^{KDI}에서 MBA 과정을 이수할 때였습니다. 그때 ICT 전략과 비즈니스 과목을 들으면서 처음으로 한국의 ICT 산업에 관심을 가지게 되었습니다. MBA 과정을 마치고 나서는 2005년부터 지금의 한국정보화진흥원^{NIA}의 전신인 한국전산원^{NCA}에 들어갔습니다. 처음에 소속된 부서는 네트워크 인프라스트럭처 부서였고, 그때부터 한국의 ICT 산업과 더욱 직접적인 관계를 가지게 되었습니다.

당시에 맡았던 주요 업무는 한국의 여러 ICT 정책과 광대역 네트워크 인프라에 관련된 보고서를 작성하고, 트렌드를 파악하고, 프레젠테이션 작성을 돕는 일이었습니다. 이러한 일을 통해서 한국의 ICT에 대해 많은 것을 배울 수 있었습니다. 짧은 시간 안에 배워야 할 게 많았습니다만, 그 당시는 한국의 ICT가 막 가파른 상승곡선을 그리면서 세계적인 선도국이 되어가는 과정이었으니 어찌 보면 당연한 일이었겠죠. 한국의 잠재력과 빠른 발전을 목격하고 나서는 한국의 ICT 산업계 속에 있다는 게 정말로 신나는 일이었습니다. 항상 변화의 최전선에 서 있으려고 노력했고 시시각각으로 변하는 한국의 ICT 산업계를 따라잡기 위해 최선을 다했습니다.

—　　**한국에 대한 인상은 어떠셨나요?**

언제나 한국에 대해서는 좋은 인상을 가지고 있습니다. 함께 일하는 동료들, 그리고 파트너들은 정말로 열심히 일했고 일이 마무리될 때까지 100% 최선을 다했습니다. 한국인들의 '하면 된다'는 정신, 그리고 조직이 가진 힘, 즉 큰 대의를 이루기 위해서 조직 전체가 혼신의 힘을 다하는 모습은 진심으로 놀라웠습니다. 처음에는 한국인들이 일과 프로젝트를 위해서 어마어마한 노력을 쏟아 붓는 것을 보면서, 특히 상사가 퇴근할 때까지 늦게까지 남아 일하거나 주말에도 나와서 일하는 모습을 보고는 깜짝 놀랐습니다. 가끔은 너무 심한 것 아닌가 싶을 때도 있었지만 한편으로는 가난했던 나라가 40, 50년 만에 세계에서 가장 강한 나라 중 하나로 발돋움한 원동력이 그러한 노력이 아닐까 싶은 생각에 존경스럽기까지 했습니다. 그러다 보니 투덜거리는 캐나다인들을 보면 그럴 시간에 더 많은 일을 할 수 있을 텐데 하는 안타까운 생각이 들죠.

— 처음 한국에서 일을 시작했을 때, 한국의 ICT 기술은 어느 정도 수준이었나요?

1990년대 말에 한국에 처음 왔을 때로 돌아가 볼까요? 한국의 ICT 기술은 미국이나 일본, 유럽 국가들보다는 약간 뒤처져 있는 정도였습니다. 1990년대 말에 일본에 간 적이 있었는데 그때 한국산 휴대전화에 비해 일본산 휴대전화가 얼마나 더 작았던가를 생각해본다면, 한국의 기술이 일본 수준에는 조금 못 미쳤던 듯합니다. 하지만 2002년 한국과 일본이 월드컵을 공동 개최했을 때쯤에는 한국은 이미 일본을 따라잡고 ICT 리더로 나아가는 독자적인 길을 걷기 시작했다고 생각합니다. 휴대전화 같은 하드웨어에 그치지 않고 블로그blog, 관심사에 따라 자유롭게 글을 올릴 수 있는 웹사이트 싸이월드Cyworld, 인맥 기반 커뮤니티 서비스와 같은 서비스들이 한국 사회 전반에 걸쳐 인기의 폭을 넓혀가던 시점이었을 것입니다.

한국의 정보화,
1960년대부터 씨앗을 뿌리다

교통 발전을 위해서는 열차나 자동차가 다닐 수 있는 철도나 도로와 같은 교통망의 구축이 필수인 것처럼 ICT의 발전을 위해서는 네트워크망 구축이 필수다. 교통망과 네트워크망은 그 구축을 위해서는 국가적인 장기 계획과 투자가 필요하다는 면에서 공통점이 있다. 물론 민간자본을 통한 구축도 가능하겠지만 장기적인 계획과 실행을 통해 대규모로, 그리고 소외되는 사람 없이 전국의 구석구석에까지 네트워크가 미치기 위해서는 정부 차원의 국가적 네트워크 구축이 필수적이다. 실제로 우리나라도 정부의 행정업무 정보화에서 정보화의 초기 모습을 찾아볼 수 있다.

우리나라의 행정업무 정보화는 아직 가난에서 탈출하지 못했던 시대인 1960년대 초부터 그 기원을 찾을 수 있다. 당시 행정안전자치부에 해당한다고 볼 수 있는 내무부에서 통계자료의 처리를 위한 시스템을 도입하면서 우리나라에서는 최초로 자료를 기계적으로 처리했다. 지금은 키보드와 마우스로 입력하고 하드디스크나 메모리카드로 저장하고 네트워크를 통해서 멀리 떨어져 있는 컴퓨터끼리 정보를 주고받지만 그 당시에는 두꺼운 종이에 일정한 규칙에 따라서 구멍을 뚫고[천공] 이 구멍의 위치를 인식해서 정보를 입력 받는, 이른바 천공카드 시스템을 사용했으며, 저장을 위해서는 마치 옛날 영화관의 필름을 떠올리게 하는 커다란 자기 테이프가 필요했다. 지금의 손톱만 한 메모리카드에 들어갈 수 있는 데이터를 위해서는 몇 개의 트럭에 실어 날라야 할 만큼의 천공카드가 필요했다. 국내 최초의 컴퓨터가 도입된 곳도 정부로, 지금의 기획재정부에 해당하는 경제기획원 조사통계국에 설치되었다.

1970년대에는 정부 안에서 컴퓨터 활용의 폭이 점점 넓어져서 중앙정부기관뿐만 아니라 서울시를 비롯한 지방행정기관에서도 전산시스템을 속속 도입했다. 하지만 이때까지는 각 기관별로 제각각으로 시스템이 도입되었기 때문에 기관 사이에 자료나 정보 교환이 불가능했고 컴퓨터를 활용한 업무도 극히 일부에 그쳤다.

1975년 박정희 대통령의 지시로 총무처지금의 행정자치부 주도로 행정전산화 추진위원회가 만들어지면서 국가 차원의 종합 정보화 대책이 마련되었다. 이를 통해 1978년에 수립된 1차 행정전산화 기본계획이 만들어졌고 1978년부터 1987년까지 10년 동안, 5년 단위로 전국을 단일 정보권으로 묶는 행정정보시스템을 구축하는 목표를 세우게 되었다.

1983년에는 1986년까지 추진할 제2차 행정전산화 기본계획이

1964년 제작된 한국 최초의 아날로그 컴퓨터 '아날로그 전자계산기 3호기' 모습. 1, 2호기는 화재로 소실되었다.

수립되었다. 제1차 기본계획이 기초를 다지는 데 주력했다면 제2차 기본계획은 이러한 기초를 바탕으로 규모를 더욱 확장해나가는 데 주안점을 두는 한편 대부분의 중앙행정기관을 연결하고 지방은 군 단위까지 통신망으로 연결하는 사업을 추진해 나갔다.

이와 같이 1, 2차에 걸친 행정전산화 기본계획은 처음으로 국가 차원의 전산화와 네트워크 구축을 추진했다는 면에서 한국의 ICT 역사에서 중요한 의미를 지닌다. 하지만 이는 정부의 행정업무를 위한 정보화 및 네트워크를 구축하는 것으로 그 범위를 제한하고 있다는 점에서 한계가 있었다. 또한 전산화는 단순히 컴퓨터를 들여오고 수작업으로 하던 업무의 일부를 컴퓨터로 하는 것만으로는 이루어지지 않는다. 일하는 방식도 그에 맞춰서 변화가 필요하고, 더 나아가서는 조직 구조까지 전산화에 맞춘 개편이 필요하다. 하지만 당시의 행정전산화 기본계획은 이와 같이 정보화를 전체를 아우르고 혁신하는 개념으로 보기보다는 일부 업무 기능을 컴퓨터를 활용해서 개선하는 정도에 머물렀다.

하지만 그때까지 가난에서 벗어나지 못했고 산업화도 무르익지 않았던 1960년대에 정보화를 위한 씨앗이 뿌려졌고, 정부 차원에서 구체적인 장기 계획을 세워서 정부의 업무를 전산화하기 위한 시도를 했다는 면에서, 훗날 한국이 정보화 혁신을 통해 짧은 시간 안에 세계를 선도하는 ICT 강국으로 도약하는 주춧돌이 되었다는 사실만큼은 분명하다.

한국은 가난에서 벗어나지 못하고 산업화도 무르익지
않았던 1960년대부터 정보화를 위한 씨앗을 뿌렸다.
이를 바탕으로 정보화 혁신을 이룸으로써
한국이 짧은 기간에 세계를 선도하는 ICT 강국으로
도약할 수 있었다.

— 한국의 ICT는 짧은 기간에 큰 발전을 이룬 것으로 평가받고 있습니다. 그러한 발전을 이룩한 원동력에는 어떤 것들이 있을까요?

정말로 한국의 ICT 산업은 짧은 시간 동안 거대한 진전을 이루었습니다. 한국은 지속적인 노력을 기울여온 끝에 세계에서 가장 앞선 정보 인프라를 성공적으로 구축했습니다.

이와 같이 세계적인 ICT 강국으로 성공적인 발전을 이룬 데에는 몇 가지 중요한 요인이 있다고 봅니다. 무엇보다도 1980년대 초부터 시작된 정부의 혜안과 계획을 꼽을 수 있습니다. 해외에서 실력을 쌓아온 기술 전문가들을 활용하는 한편, 위원회를 구성해서 계획을 입안하고 한국 ICT 산업의 청사진을 만든 성과는 정말로 대단했습니다. 이와 같이 초기의 방향을 잡은 국가적인 계획들은 ICT 산업 전반에 걸친 종합 계획들을 통해 발전되고, 이러한 계획들이 또 새로운 계획을 낳으면서 지속적인 발전 구조를 구축해나가는 기초가 되었습니다. 예를 들어 정보화촉진기본법, 1차 정보화촉진기본계획, 사이버코리아21, e-코리아 비전 2007과 같은 국가 계획들은 서로 시너지 효과를 내고 이런 계획들을 통해 한국은 지식기반사회로 한 걸음 더 나아갈 수 있었습니다.

또한 한국은 정보화 전략을 맡은 정부 조직을 시기와 상황에 맞게 재편하는 유연성을 발휘했습니다. 1996년에 구성된 정보화추진위원회는 국무총리가 위원장을 맡았지만 그 뒤를 이어서 1998년에 만들어진 국가정보화전략위원회는 대통령이 주재했습니다. 정부의 최고 책임자가 직접 IT 정책을 챙기면서 여러 기관과 부처들이 저마다의 정보화 정책을 서로 조화롭게 조정할 수 있었습니다. 1994년에 정보통신부가 설립되고 그 산하로 한국전산원이 만들어진 것은 한국 ICT에 정부 차원의 조직기관이 구축된 하나의 큰 사건이었습니다. 이 조직은 국가 ICT 정책과 전자정부 계획을 설계하고 조정하는 구심점 구실을 했습니다.

또 한 가지 정말로 감명받았던 것은 당시 한국의 ICT 정책에 대해서 외국의 전문가나 학자, 언론들은 이런저런 비판을 내놓기도 했지만 한국 정부가 그런 말에 휘둘리지 않고 원래의 계획을 고수하면서 계속 밀고 나갔다는 점입니다. 결국 그 계획들은 10년 후에 세계 ICT의 선도 국가라는 결실을 맺게 되었습니다.

또 다른 성공 요인은 1990년대 중반부터 구축해서 초고속정보통신망 구축 프로젝트인 KII^{Korea Information Infrastructure}를 통해 발전시킨 광대역 인터넷 인프라입니다. 다시 한 번 말씀드리지만 한국 정부는 단지 한 치 앞만을 내다보는 정도에 그치지 않고 먼 미래를 바라보는 눈을 가지고 있습니다. 광케이블 간선 네트워크를 나라 전체에 깔기로 한 결정은 경제 발전에 대단히 중요한 구실을 했습니다. KII 계획의 목적은 정보의 초고속도로를 구축하는 것이었고 이후 발전된 ICT 서비스를 대중들에게 제공하는 한편으로 나라 전체에 걸쳐 정보통신을 촉진시켰습니다. 이러한 초고속 네트워크 인프라 구축이 없었다면 한국이 ICT의 최강국 반열에 오르는 시간이 훨씬 오래 걸렸거나 그 전반적인 영향력이 많이 줄었을 것이라고 확신합니다.

한국 통신기술의 첫 쾌거,
전자교환기 국산화

우리나라에서 전화통신이 처음 시작된 것은 구한말인 1885년 한성 전보총국이 생기면서부터다. 1896년 10월 2일에는 최초로 전화가 설치되었지만 황실 소속으로 정부기관과 연결되었기 때문에 일반인들은 이용할 수 없었다. 민간 전화는 1902년에 가서야 처음으로 개통되었다. 이 당시에는 교환원이 있어서 전화를 걸면 먼저 교환원이 받았다. "누구누구에게 연결시켜주세요" 하고 요청하면 전화 받는 사람에게 전화를 연결시켜주는 수동식 교환이었다.

이후 일제강점기인 1935년에는 기계식 교환기가 들어왔다. 다이얼을 돌리면 기계가 번호를 인식해서 연결해주는 사람 없이 상대방에게 연결시켜주는 방식이었다. 수동식 교환과 비교하면 연결도 빠르고, 더 많은 전화를 연결할 수 있었다. 하지만 이때는 한국의 통신 환경을 개선하기 위해서라기보다는 일제의 군사나 산업에 이용하기 위한 목적이었다. 이후 해방을 맞았지만 얼마 지나지 않아 한국전쟁으로 한국의 통신 환경은 폐허가 되었다. 1960년대에 가서야 전화통신은 다시 틀이 잡히기 시작했다.

지금은 집집마다 전화기뿐만 아니라 가족 모두 개인의 휴대폰까지 갖고 있다. 그러나 1970년대만 해도 집 전화기는 사치품이었다. 대부분은 마을에 공용 전화기가 한 대 있어서 전화를 하려면 동네 가게나 마을회관까지 나와야 했다. 마을 사람에게 누군가 전화를 걸면 마을 확성기 방송으로 전화가 왔다고 사람을 찾기도 했다. 집 전화는 곧 부의 상징이었다.

1970년대에 들어서는 경제개발이 본격적으로 이루어지면서 전화 수요도 빠르게 늘어갔다. 1961년 한국의 전화 숫자는 12만 대였지만 1970년에 50만 대, 1975년에 100만 대를 넘어섰다. 이쯤 되자 전화 회선의 공급이 수요를 못 따라가는 문제가 점점 심각해졌다. 1970년대 후반으로 가면 무려 60만 건의 전화 신청이 개통되지 못한 채 적체되었다. 전화를 놓으려면 신청하고 나서 1년 이상을 기다려야 했다. 당장 전화가 필요한 사람이나 기업은 다른 사람의 전화번호를 사는 수밖에 없었다. 전화를 개통 받기만 하면 비싸게 팔 수 있었기 때문에 투기 수요가 몰려 적체는 더욱 심해졌고 이를 둘러싼 비리도 심각한 문제로 대두되었다.

이 문제를 해결하기 위해서 등장한 것이 이른바 백색전화와 청색전화였다. 1970년 8월 31일 이전까지 가입한 전화는 '백색전화'로 분류해서 전화번호를 사고팔 수 있었다. 반면 그 이후에 가입한 전화는 '청색전화'로 분류해서 사고팔 수가 없었다. 새로 전화를 신청하는 사람들 중 투기 목적으로 들어오는 사람들을 막아서 전화 개통 적체를 막으려고 했던 것인데, 오히려 백색전화의 가격이 엄청나게 치솟는 결과가 되었다. 심지어 1980년 초반에는 백색전화 한 대의 가격이 집 한 채와 맞먹을 정도였고 신문에는 날마다 백색전화 시세가 발표되기도 했다.

문제가 심각해지자 정부에서도 이를 해결하기 위한 기술개발에 나섰다. 가장 문제가 되었던 것은 교환기였다. 전화선을 아무리 많이 깔아도 전화를 연결해주는 교환기의 처리 능력이 부족하면 소용이 없었다. 당시 사용하고 있던 기계식 교환기는 한계가 있었다. 사용자의 수가 많아지면 엉뚱한 사람에게 전화가 연결되는 혼선 현상이 자주 일어났고, 고장도 잦아서 유지보수에 드는 비용이 커졌다. 이를 해결하기 위해서는 훨씬 많은 사용자를 수용할 수 있고 유지보수 비용도 저렴한 전자식 교환기를 사용하는 것이었다. 1978년부터 해외에서 만들어진 전자식 교환기가 들어오기 시작했고, 이후 국내 업체와 기술제휴를 통해서 국내 생산을 할 수 있게 되었다.

전자식 교환기가 들어오면서 전화 개통 적체에 숨통을 터 줬지만 외국 기술이었기 때문에 많은 비용이 들 수밖에 없었다. 기술제휴로 한국 업체가 생산은 할 수 있었지만 단순 조립에 불과했기 때문에 한 해에 외국으로 나가는 돈이 5,000억 원이나 되었다. 전화수요가 전국에 걸쳐 폭발적으로 늘어나는 상황에 맞춰 교환기를 늘리려면 앞으로도 많은 돈이 해외로 빠져나갈 것이 분명했다. 전자식 교환기 기술을 자체 개발하기 위한 계획이 싹트기 시작한 것도 이 무렵이었다.

1982년, 당시 체신부의 오명 차관은 정부는 최순달 한국전기통신연구소지금의 한국전자통신연구원, 이하 ETRI 소장과 경상현 선임연구부장을 불렀다. 전자식 교환기를 우리 기술로 개발할 수 있는지 확인하기 위해서였다. 이때 이미 우리 기술로 만든 TDX라는 이름의 전자교환기가 용인에서 시범 운용되고 있었지만 실제 서비스를 위해 대규모 가입자를 처리할 수 있는 교환기를 만드는 것은 차원이 다른 문제였다.

최순달 소장은 "저의 연구소 연구원 일동은 최첨단 기술인 시분할전자교환기의 개발을 위해 최선을 다할 것이며, 만약 개발에 실패할 경우 어떠한 처벌이라도 달게 받을 것을 서약합니다"라는 내용의 각서를 체신부 장관에게 제출했다. 이를 두고 내부에서는 'TDX 혈서'라고 부를 정도로 연구진의 각오가 비장했고, 정부는 상용 전자교환기인 TDX-1 개발계획을 승인했다. 당시 ETRI 1년 예산이 24억 원이었을 때 TDX-1 개발계획은 1982년부터 5년 동안 240억 원의 연구비를 들이기로 되어 있었다. 즉 해마다 ETRI 전체 예산의 두 배를 쓰는 커다란 모험이었다. 정치권과 시민단체 일각에서는 막대한 연구비가 들어가는 이 프로젝트를 '무모한 국책사업'이라고 비판하면서 반대하기도 했다.

하지만 연구진들의 뼈를 깎는 노력으로 결국 1985년에 전자교환기 개발에 성공하고 1986년에는 경기도 가평을 비롯한 네 개 지역에 TDX-1A 교환기가 2만 4,000회선을 개통하면서 상용 서비스에

TDX는 CDMA(TDX-10MX)의 핵심 기술로 활용되어 이동통신 분야 발전의 초석을 마련
하였다.

들어갔다. 한국이 세계 열 번째로 전자교환기를 만들 수 있는 나라
가 된 것이다. 한국 기술로 전자교환기가 만들어짐에 따라 교환기
를 새로 놓기 위해 필요한 비용은 말할 것도 없고 유지보수 비용도
대폭 줄어들었으며, 전화 신청 대기 시간도 빠르게 줄어들었다.

　연구진은 여기에 그치지 않고 교환기의 용량을 늘리는 데에 박
차를 가했다. 그리고 후속모델인 TDX-1A, TDX-1B, TDX-10이
잇달아 개발되었다. 240억 원이라는 당시로서는 거액의 연구비를
들였지만 그 효과는 연구비를 훨씬 능가했다. 1991년에는 국산 교
환기의 수입 대체 효과가 무려 8,000억 원에 이를 정도였다. 더 나
아가 해외시장까지 개척해서 1996년에는 약 4,500억 원의 전자교
환기 장비를 수출했다.

　당시로서는 몇몇 선진국만이 가지고 있던 전자교환기 기술을 국
산화하기 위해 과감한 투자를 결정했던 정부의 판단은 전화 적체

해소, 수입 대체 효과, 수출시장 개척이라는 세 마리 토끼를 한꺼번에 잡는 데 성공을 거두면서 한국의 통신 산업에 획기적인 발전을 이루었다. 또한 이후에 광대역 인터넷과 CDMA 이동통신 기술을 비롯한 첨단 정보통신을 개발하는 과정에서도 자신감을 가지고 과감한 선택과 투자를 결단하는 밑거름이 되기도 했다.

대한민국,
정보화의 물결에 합류하다

미국, 유럽 등 고도 산업화를 일찍 이룩한 선진국들은 1980년대에 들어서면서 산업화 단계를 넘어 정보화 사회로 들어서기 시작했다. 세계화와 개방의 물결 속에서 선진국의 제조업 공장들은 좀 더 저렴한 생산비와 인건비를 찾아 중국을 비롯한 다른 나라들로 옮겨가기 시작했고, 그 자리를 채워나간 주요 산업이 서비스와 ICT였다. 선진국들은 앞 다투어 국가와 민간 차원에서 정보통신기술에 대한 투자를 큰 폭으로 늘려나갔다. 미래학자 앨빈 토플러가 예견했던 '제3의 물결' 즉 농경사회와 산업혁명에 이은 정보화 혁명이 실제 세상으로 밀려오기 시작한 것이다.

당시 한국은 산업화가 고도화 단계에 들어서기 시작한 신흥국 수준이었지만 탈산업화와 정보화를 지향하는 세계적 흐름을 보고만 있을 수는 없었다. 선진국보다는 한 발 늦긴 했어도 한국 정부는 정보화 사회로 도약하기 위한 투자를 서둘렀다. 1990년대에 접어들면서부터는 '산업화는 뒤졌지만 정보화에는 앞서야 한다'는 공감대가 확산되었고, 정보화 사회를 위해서 무엇보다도 기반이 되는 통신 인프라의 현대화, 그리고 국민들의 인식을 변화하는 시대에 맞춰나가기 위한 대대적인 계획과 투자가 이루어졌다.

정보통신망 구축은 막대한 투자와 오랜 시간을 필요로 한다. 투자 대비 수익을 생각해야 하는 기업은 투자를 한다 해도 단기간에 이윤을 내기 어려운 정보통신망 구축에 나서기가 쉽지 않다. 물론 막강한 자본력을 갖추고 다른 분야에서 안정적인 수익을 내는 기업이라면 미래를 내다보고 장기간에 걸쳐 투자를 할 수도 있겠지만 정보화 사회 초기의 한국 기업들에게는 그런 여력이 별로 없었다. 이런 과정에서 정부 역할은 중요했다. 정부가 미래를 내다보면서 주도적으로 정보화 정책을 수립하고 이를 적극 실행에 옮기면서 한국 사회에서 ICT는 짧은 시간 안에 그 영향력을 확대해 나갔다.

1987년부터 추진된 국가 5대 기간전산망 사업은 우리나라에 정보통신망을 구축하는 중요한 전기를 마련했다. 이 사업은 2000년대 초까지 선진국 수준의 정보화 사회를 실현하기 위해 1990년대 중반까지 국가기간전산망을 완성하는 것을 목표로 했다. 이전까지는 주로 전화선을 이용해서 데이터를 주고받았지만 광섬유 통신으로 빠르고 안정된 정보통신 진용 기간통신망의 구축이 필요하다는 판단을 내리고, 이를 행정망, 공안망, 국방망, 교육연구망, 금융망의 다섯 개로 나누어서 각각 그 목적과 용도에 맞게 구축하는 계획을 세웠다.

1994년은 한국의 ICT에 중요한 전환점이 된다. 무엇보다도 정보화 사회에 능동적으로 대처하고 정보통신산업을 국가 발전을 위한 전략산업으로 육성하기 위한 주무부처인 정보통신부가 그해 12월에 출범한 것이다. 이전에도 체신부라는 정부 부처가 있었으나 이때에는 우편 및 전기통신이라는 영역에 국한되어 있었고, 정부 조직 안에서도 큰 주목을 받지 못했다. 하지만 정보통신부는 체신부의 기능 일부는 말할 것도 없고 여러 부처로 나뉘어 있었던 정보통신 업무를 하나로 집중시켰기 때문에 정보화 사회를 이끌어가는 핵심부처로 그 위상이 크게 강화되었다.

그 이전까지 정보통신 관련 업무는 상공부, 과학기술처, 공보처를 비롯한 여러 부처로 나뉘어 있었다. 중요한 정책 결정이 필요할 때마다 부처 사이에 이해관계가 엇갈려서 타이밍을 놓치거나 잘못된 결정이 내려지는 일도 많았다. 분산되어 있던 업무들을 정보통신부로 한데 묶음으로써 빠르게 변화해가는 정보화 사회에 필요한 빠르고 효율적인 의사 결정이 가능해진 것이다.

또한 국가정보화를 촉진하기 위해서 정보화촉진기본법을 제정하고 대대적인 투자에 필요한 재정적인 뒷받침을 위해서는 정보화촉진기금을 마련했다. 법과 행정기관, 그리고 자금이라는 세 가지 중요한 요소가 갖추어지면서 대한민국 정부는 국가 차원의 정보화 계획을 실행에 옮기고 추진할 수 있는 확실한 동력을 구축한 것이다. 이를 기반으로 마련된 국가정보화 마스터플랜은 빠르게 진전되는 정보화의 각 발전 단계에서 무엇이 필요한지를 긴 안목으로 내다보고 준비한, 한국 ICT의 미래를 그린 청사진이라고 할 수 있다.

1996년에는 제1차 정보화촉진기본계획이 마련되었다. 이전까지의 계획이 주로 공공업무를 전산화하고 네트워크를 갖추는 것을 위주로 했다면, 정보화촉진기본계획은 국가 전체의 정보화를 위한 정부 주도의 장기 비전과 그 실행 계획을 수립했다. 1996년부터 5년 단위로 3차에 걸쳐 우리 사회 전반을 광범위하게 망라하여 획기적인 정보화를 추진한 이 계획은 상당수가 지금까지도 현재 진행형에 있다.

그러나 1997년, 전 세계를 강타한 금융위기 속에서 한국 경제도 큰 타격을 받았다. 특히 외환위기로 IMF 구제금융을 받아야 하는 처지가 되면서 한국 경제는 급속하게 위축되었고 한국의 ICT 산업계도 일시적인 악영향을 받을 수밖에 없었다. 하지만 정부와 국민들이 위기 탈출을 위해 합심한 결과 한국은 1999년부터 빠른 회복세를 보이면서 IMF 체제를 빠르게 졸업하는 위기탈출의 모범 사례가 되었다. 이 과정에서 경제 회복의 견인차 구실을 한 것은 ICT 산업이었다.

당시 세계는 월드와이드웹World Wide Web, WWW이 가져온 새로운 인터넷 시대를 맞이하고 있었다. 이전까지 사용하던 인터넷 접속 방식인 텔넷이나 FTPfile transfer protocol는 텍스트 위주의 인터페이스를 가지고 있었다. 옛날 컴퓨터의 운영체제였던 MS-DOS처럼 화면에 키보드로 명령어를 입력하면 문자 정보가 출력되는 방식이었다. 하지만 WWW와 이런 환경에서 정보를 표현하기 위해서 사용되는

1990년대 세계는 월드와이드웹이 가져온 새로운 인터넷 시대를 맞이하고 있었다.

표준 언어인 하이퍼텍스트 마크업 언어HTML가 개발되고, 이후 그래 픽 환경에서 HTML을 보여주고 사용할 수 있도록 하는 웹브라우 저가 등장하면서 인터넷은 밋밋한 텍스트에서 벗어나서 다양한 크 기와 모양의 텍스트는 물론 사진이나 오디오, 동영상 파일로 더욱 다양한 모습을 갖추게 되었다.

1990년대 중반부터는 전 세계적으로 WWW 기반의 웹사이트 가 폭발적으로 늘어나면서 이를 활용한 각종 서비스들이 속속 선보 였다. 관심 있는 주제나 분야를 입력하면 원하는 웹사이트를 찾아 주는 검색 서비스, 인터넷을 이용한 쇼핑, 뉴스 보기, 게시판 서비스 등이 등장했고 이는 이른바 닷컴.com 열풍으로 이어지면서 인터넷 이 일반 대중에게 급속하게 퍼져나갔다.

한국은 이러한 인터넷 대중화의 트렌드에서 여러 유리한 장점을 가지고 있었다. 무엇보다도 한국은 좁은 땅에 5,000만 명이 넘는 많은 인구가 모여 살고, 도시를 중심으로 대부분이 아파트라는 밀집된 주거 형태를 이루고 있다. 즉 어떤 지역에 네트워크 인프라를 구축하면 여기에 접속할 수 있는 인구가 많기 때문에 투자 대비 효율성이 높게 나타난다. 반면 호주는 한국의 무려 76.8배나 되는 넓은 영토를 가지고 있지만 인구는 한국의 절반 정도 수준에 머물러 있다. 큰 대륙의 해안선을 따라 사람들이 살고 있고, 단독주택이 주류를 이루다 보니 네트워크 인프라를 구축해도 접속하는 인구의 수가 한국보다 훨씬 적다. 1인당 GDP가 5만 달러가 넘는 선진국 호주가 아직도 가정용 인터넷으로 한국에서는 사라진 지 오래인 초창기 고속 인터넷망인 ADSL을 많이 사용하고 있는 이유도 이러한 인구와 주거 환경의 차이에서 찾아볼 수 있다.

그러나 이러한 좋은 환경을 가진 나라는 비단 한국만 있는 것은 아니다. "구슬이 서 말이라도 꿰어야 보배"라는 속담처럼 아무리 좋은 환경이 있어도 이를 성과로 이끌기 위해서는 장기적인 비전과 지속된 투자가 필요하다. 한국은 정부 주도로 통신망을 확장하고 속도를 개선하기 위한 장기적인 투자를 지속하였고, 그에 따라서 닷컴 열풍이 불어오는 시기에는 이미 많은 국민이 초고속 인터넷을 사용할 수 있는 수준에까지 이르렀다.

하지만 사회 전체의 정보화와 혁신을 위해서는 아직 갈 길이 멀었다. 정부도 21세기 한국의 번영을 위해서는 정보화가 반드시 필요한 과제라는 사실을 잘 이해하고 있었고, 그 결과물로 나온 것이 1999년부터 추진된 사이버코리아 21 계획이었다. 2002년 세계 10위권의 정보화 선진국 진입을 목표로 한 사이버코리아 21는 정보화 사회, 더 나아가서 지식기반사회가 되기 위한 교두보를 만들고 인터넷을 새로운 산업의 기반으로 활용해서 우리 경제와 산업 구조의 혁신으로 이끄는 것을 주요한 과제로 삼았다. 사이버코리아 21는 당시 인터넷 기반의 산업이 폭발적으로 성장하고 있던 전 세계의 흐름과 맥을 같이하면서 한국에도 벤처와 닷컴 열풍이 일어나는 데 큰 도움을 주었고, IMF 외환위기를 빠르게 탈출하는 데에도 중요한 역할을 했다.

2002년부터 2006년까지는 e-코리아 비전 계획이 추진되었다. 지금까지 정부 주도 정보화 계획이 성공을 거두면서 한국은 빠르게 정보화 사회로 발전해 나갔다. 그러나 정보화 사회의 세계는 빠르게 변화하고 있고, 조금만 안주하고 있다가는 금방 추월당한다. e-코리아 비전 계획은 개인과 기업, 정부의 정보화를 글로벌 정보사회의 리더 수준으로 끌어올리는 것을 목표로 했다. 정부의 ICT 계획은 이후에도 시시각각으로 변하는 글로벌 정보화 사회의 트렌드에 대응하는 후속 계획으로 이어지면서 한국을 세계 최고의 ICT 강국 중 하나로 끌어올리는 견인차 구실을 했다.

'산업화는 뒤졌지만 정보화에는 앞서야 한다'는 공감대 위에서 시작된 국가 주도의 정보화 사업은 이 시기에 이르러서 드디어 화려한 결실을 맺으면서 한국을 세계 최고의 인터넷 강국 중 하나로 만들었다. 실제로 UN은 2010년의 보고서를 통해 "한국은 아시아 지역 경제위기 시기에도 ICT 및 ICT를 활용한 전자정부 서비스에 대한 투자를 강화하여 경제위기를 극복"했다고 평가하고 있다.

— 한국의 ICT 산업이 만들어낸 인상적이거나 놀라운 제품, 또는 대단
히 혁신적인 기술로 무엇을 꼽을 수 있을까요?

앞서 이야기했지만 한국은 세계 ICT 산업계에서 가장 뛰어난 나
라 가운데 하나입니다. 정말로 많은 좋은 제품들이 한국만이 아니
라 세계 전역에서 팔리고 있습니다. 삼성, LG, 현대자동차를 비롯
한 기업들이 전 세계를 누비는 모습에 계속해서 놀라움이 끊이지
않았습니다. 카자흐스탄, 인도, 콜롬비아, 가나, 그리고 이곳 캐나다
의 광고판에 나오는 한국의 최신 휴대폰의 모습을 볼 때마다 참으
로 감회가 새롭습니다. 하지만 한국의 ICT 서비스는 더욱 훌륭합
니다. 제 생각에 한국의 전자정부 서비스는 세계 그 어느 나라도 따
라오지 못합니다. 이러한 전자정부 서비스의 속도와 효율성은 박수
를 받을 만합니다. 그리고 다른 나라도 국민들의 삶을 더 편안하게,
그리고 더 지속 가능하게 만들기 위해서 한국의 전자정부 서비스를
참고해야 합니다. 뛰어난 네트워크와 국민들의 높은 의식 수준이
주는 장점을 극대화함으로써 한국 정부는 인터넷을 통해 공공 서비
스를 지원하기 위한 굉장한 노력을 기울였습니다.

전자민원 G4C 시스템은 주민등록, 부동산, 자동차등록을 비롯한
수많은 데이터베이스 네트워크를 상호 연결함으로써 구축되었습니
다. 국세청의 홈택스 서비스[HTS]를 사용하면 인터넷을 통해 납세자
들이 집에서 세금 환급을 신청하거나 전자청구서를 받고 세금을 온
라인으로 납부할 수도 있습니다. 전자정부조달시스템[GePS]은 입찰,
계약, 그리고 서비스나 제품 공급, 지불에 이르는 정부 조달 물품 관

대한민국은 UN 전자정부 평가에서 3연속 1위를 차지했다. 사진은 국세청 홈택스, 국가
종합전자 조달, 재정정보 통합 서비스의 홈페이지 메인 화면

련 업무를 실시간으로 온라인에서 처리할 수 있습니다. 국가재정정
보시스템NAFIS은 개별 공공기관이 저마다 가지고 있던 재정시스템
을 통합해서 정부 관료들에게 실시간으로 재정정보를 제공해줍니
다. 건강보험, 국민연금, 산재보험, 그리고 실업급여에 이르는 한국
의 4대 사회보험은 하나의 네트워크로 매끄럽게 통합되었습니다.
2010년, 2012년, 그리고 2014년에 UN 전자정부 평가에서 3연속으
로 1위를 차지한 한국의 전자정부가 보여주는 인상적인 서비스를
생각한다면 위의 사례들은 빙산의 일각에 지나지 않습니다.

CDMA 이동통신의
종주국임을 선언한 대한민국

1994년 4월 17일, 대전 한국전자통신연구원ETRI에 있는 한 실험실
에는 'CDMA 작전본부'라는 명패가 붙어 있었다. 이 방에서 한마디
의 말소리가 흘러나왔다.

"여보세요, 잘 들립니다."

누군가가 걸어온 전화를 받는 듯한 이 한마디는 디지털 이동통
신 CDMA Code Division Multiple Access, 즉 코드분할다중접속 기술로 통화
에 성공한, 한국의 정보통신 역사에 한 획을 긋는 한마디였다. 당시
세계 디지털 이동통신의 주류를 이루고 있던 TDMA Time Division Multiple
Access, 즉 시분할 다중접속 기술에 맞서서 한국전자통신연구원이 당
시에는 작은 벤처기업에 불과했던 미국의 퀄컴과 CDMA 기술 공
동개발 계약을 체결한 지 3년 만에 이룬 결실이었다. 이후 한국은
1996년 세계 최초로 CDMA 상용화 서비스에 성공함으로써 세계
디지털 이동통신 시장의 주목을 받게 되었다.

그렇다면 한국이 세계 최초로 상용화에 성공한 CDMA 기술이란 무엇일까? 이를 위해서는 기억해야 할 사람이 있다. 바로 영화배우 헤디 라마르다. 지금의 중년 또는 노년 세대들에게는 크리스마스 무렵에 종종 TV에서 특선 영화로 방영되던 〈삼손과 데릴라〉라는 영화가 기억날 것이다. 1949년에 제작된 이 영화에서 여주인공 데릴라 역을 맡았던 배우가 바로 헤디 라마르다. 그런데 이 영화배우가 대체 CDMA와 무슨 관계가 있는 걸까?

오스트리아 출신의 미국 영화배우인 라마르는 CDMA만이 아니라 와이파이의 기반 기술을 고안해낸 주인공이기도 하다. 라마르가 고안한 주파수 도약Frequency Hopping 기술은 대역 확산 통신 방식Spread-Spectrum Technology 기술로 진화했고, CDMA는 물론 와이파이, 블루투스와 같은 여러 무선통신의 기본 개념으로 발전했다. 미모의 영화배우가 첨단 무선통신의 기반 기술을 개발했다, 이렇게만 이야기하면 무척 황당한 이야기로 들릴 것이다. 과연 라마르는 어떻게 이런 기술을 개발했던가? 영화보다 더 영화 같은 라마르의 삶 속으로 들어가 보자.

헤디 라마르는 1914년 '헤드비히 에바 마리아 키슬러'라는 이름으로 오스트리아의 수도 빈에서 태어났다. 아버지는 은행가, 어머니는 피아니스트로 부유한 가정환경에서 자랐다. 어릴 때부터 뛰어난 미모로 주위의 관심을 끌었던 라마르는 10대 때부터 독일과 체코 영화에 출연하기 시작했고 이내 주연급으로 발돋움했다. 18세였던 1933년에 파격적인 연기를 한 체코 영화 〈엑스터시〉로 그의 이름을 세계에 알렸다.

같은 해에 라마르는 프리드리히 만들이라는 오스트리아의 무기상과 결혼했다. 만들은 종종 무기와 관련된 과학자와 기술자, 사업가들을 집에 초청해서 파티를 열었는데, 라마르는 종종 이런 자리에 참석해서 과학자들과 이야기 나누는 것을 좋아했다. 사실 라마르는 어렸을 때부터 집에 있던 시계를 분해하고 조립하는 일을 즐겼을 만큼 수학과 과학에 관심이 많았는데, 남편의 사업을 위한 파티가 라마르에게는 과학 지식을 쌓는 학교 구실을 한 셈이었다. 주변 사람들도 라마르를 무척 지적이고 사색과 독서를 즐기는 성격이었다고 입을 모았다.

하지만 만들과의 결혼 생활은 오래가지 못했다. 1938년 미국으로 건너간 라마르는 할리우드에서 배우 활동을 다시 시작했고, 뛰어난 미모를 무기로 당시 최고의 할리우드 남자배우의 상대역으로 잇달아 영화에 출연했다. 1949년에는 그의 최고 인기작 〈삼손과 데릴라〉에 출연했고 대중과 언론에게서 '세계에서 가장 아름다운 여성'이라는 찬사를 받기도 했다.

하지만 라마르는 연기자로서 빼어난 외모가 걸림돌이기도 했다. 연기보다는 조각 같은 외모만을 원했던 할리우드에 라마르는 점점 염증을 느꼈고, 그의 열정은 과학과 발명으로 옮겨갔다.

라마르가 초기에 고안했던 발명품 중에는 개선된 체계의 신호등과 발포정, 즉 물에 넣으면 기포를 내면서 탄산수를 만들어주는 알약이 있었다. 발포정은 당시에는 별 성공을 거두지 못했지만 나중에는 소화제나 진통제와 같은 의약품으로 큰 인기를 끌게 되었다. 한편 라마르가 미국에 온 후 나치는 그 본색을 드러내서 제2차 세계대전을 일으켰고, 전쟁 동안 나치의 잠수함인 U-보트는 대서양을 지나던 배들에게 무차별 공격을 가했다. 종종 나치를 피해서 배로 달아나던 민간인, 어린이와 여성들까지도 U-보트의 희생양이 되었다. 특히 연합군 쪽의 통신이 나치에게 쉽게 도청당하는 문제가 원인 중 하나였다. 언론을 통해서 이러한 참상을 알게 된 라마르는 나치에 맞서는 연합군을 도울 방법을 궁리하게 되었고, 그 과정에서 아군의 통신이 적에게 도청당하거나 방해 전파로 훼방을 당할 위험을 줄일 방법을 생각했다.

라마르에게 힌트를 준 것은 피아노 롤이었다. 옛날 영화를 보면 두루마리 종이에 구멍이 뚫려 있고, 이를 피아노에 달린 장치에 걸고 돌리면 그 구멍에 따라 건반이 눌리고 음악이 연주되는 것을 볼 수 있다. 라마르는 '시간이 지나가면서 피아노 롤이 다른 피아노 건반을 누르는 것처럼 주파수를 자동으로 계속 바꿔가면서 통신을 하면 도청이 어려워지지 않을까?' 하고 생각했고, 작곡가 조지 앤틸과 협력해서 1942년, 주파수 도약 기술 특허를 출원했다.

라마르가 고안한 주파수 도약 기술이란 무엇일까? 전쟁의 소용돌이 속에서 A와 B, 두 군인이 무전기로 교신하고 있다고 가정하자. 무선 교신이 이루어지려면 같은 주파수로 전파를 주고받아야 한다. 문제는 적이 이 주파수를 알아내면 손쉽게 교신 내용을 도청할 수 있다는 것이다. 따라서 도청을 피하려면 주파수를 자주 바꿔줘야 한

배우 헤디 라마르는 피아노 롤에 따라 피아노 건반이 움직이는 것에서 주파수 도약 기술의 힌트를 얻었다.

다. 하지만 A, B 모두가 같은 주파수로 바꿔야 교신이 다시 이루어진다는 게 문제다. 교신을 하다가 '이제부터 주파수를 ○○○Hz로 바꾸자'고 해봐야 적이 이미 도청하고 있는 상황에서는 소용이 없다. A, B가 서로 규칙을 세워놓고 그 규칙에 따라서 정기적으로 주파수를 바꾸는 방법도 있겠지만 자주 주파수를 바꾸려면 교신을 중간 중간에 중단해야 하므로 대화가 자주 끊겨서 긴급한 상황에 대처하기 힘들어진다.

만약에 무전기끼리 어떤 규칙이 있어서 굉장히 자주 주파수를 바꿀 수 있다면, 예를 들어 대화를 하는 중이라고 해도 10초에 한 번씩 주파수가 자동으로 바뀐다면 어떨까? 무전기가 자동으로 주파수를 바꾸면 눈 깜짝할 사이에 바꿀 수 있으므로 교신을 하는 A, B는 주파수가 바뀌었다는 사실을 알아차리지 못하고 평소처럼 통신을 하면서도 도청 걱정을 덜 수 있다. 적으로서는 운 좋게 교신 주파수를 알아냈다고 해도 10초 후에 주파수가 바뀔 것이고, 다시 바뀐 주파수를 찾으려고 해도 10초가 지나서 주파수가 또 다른 곳으로 옮겨가 버릴 수도 있다. 만약 5초, 1초로 주파수가 바뀌는 시간 간격이 더욱 짧아진다면 적은 더더욱 도청이 어려워진다. 적이 아군의 통신을 방해하기 위해 방해 전파를 쏜다고 해도 교신 주파수가 금방 바뀌므로 그 효과가 별로 없을 것이다.

주파수 도약 기술의 특허를 받은 라마르는 미 정부에 이 기술을 무상으로 제공했지만 당시의 기술로는 이를 실제로 구현하기에 어려웠던 데다가 미 해군은 군 외부에서 개발된 기술을 채택하기를 꺼렸기 때문에 2차 대전 때에는 사용되지 못했다. 이후 1962년 쿠바 미사일 위기 때에 가서야 개선된 버전의 주파수 도약 기술이 실제로 사용되었다. 지금은 군사용 통신 장비에 주파수 도약 기술이 널리 쓰이고 있으며 미군의 장비는 1초에 수천 번이나 주파수를 바꿀 정도로 기술이 발전한 것으로 알려져 있다.

그런데 도청을 막기 위해서 개발한 주파수 호핑 기술이 어떻게 CDMA, 와이파이, 블루투스와 같이 우리가 일상에서 쓰고 있는 무선통신 기술의 밑거름이 된 것일까? 주파수라는 '자원'은 유한하기 때문이다. 무전기를 써본 경험이 있다면, 보통 무전기에 '채널'이 있다는 것을 알고 있을 것이다. 우리가 TV를 볼 때 채널 9, 채널 11과 같이 특정한 방송국을 채널 번호로 이야기하는데, 이 채널은 통신의 '통로'라고 볼 수 있다(TV나 라디오 지상파 방송도 양방향이 아닌 일방통행인 일종의 무선통신이다).

지하철이 노선에 따라 1호선, 2호선……과 같이 구분되고 이 노선으로 지하철이 사람을 싣고 오가는 것처럼 통신 채널은 눈에는 보이지 않지만 주파수 차이로 구분되는 통로다. 이 통로를 통해 전파는 데이터를 싣고 빛의 속도로 오가고 있는 것이다. 예를 들어 국내 생활 무전기는 모두 40개의 채널을 쓸 수 있고, 같은 채널로 맞춰놓은 무전기끼리는 몇 대든 동시에 통신을 할 수 있다. FM 라디오 방송은 주파수의 범위가 87.5~108.0MHz 사이로 보통 0.1MHz 간격으로 채널을 정한다. 계산해보면 모두 206개 채널이 들어갈 수 있다. 물론 한국의 FM 방송이 이 채널을 모두 쓰지는 않으므로 비어 있는 채널이 많다.

그런데 이동통신이라면 문제가 달라진다. 미래창조과학부의 〈무선통신서비스 통계 현황 자료〉를 기준으로 하면 2016년 10월 현재 이동전화 회선은 6,104만 8,145대다. 이동전화의 수가 전체 인구보다 더 많다는 뜻인데, 즉 한 사람이 두 대 이상의 이동전화를 사용하는 경우도 꽤 있다는 뜻이다. 생활무전기의 40채널은 물론 FM 라디오에서 사용하는 206개의 채널을 가지고도 이 이동전화들을 수용하기에는 턱도 없다. 6,000만 대가 넘는 이동전화가 동시에 통화를 하지는 않으므로 수천만 개의 채널이 필요한 것은 아니지만 같은 시간에 평균 전체의 1%가 교신하고 있다고 치자. 그러면 대략 61만 대가 서로 짝을 지어 교신을 하고 있으므로 30만 5,000개 정도의 채널이 필요하다. 과연 이 채널을 어떻게 확보할 수 있을까? 주파수를 잔뜩 확보해서 30만 5,000개의 채널을 사용하는 방법도 있지만 주파수는 방송, 레이더, 군사통신, 각종 인공위성을 비롯해서 많은 종류의 다른 무선통신도 각각 일정한 범위를 차지하고 있기 때문에 확보할 수 있는 주파수의 범위에는 한계가 있다.

이러한 한계를 극복하기 위해 같은 채널을 여러 사용자가 공유하는 기술이 개발되었다. 지하철은 한 개의 노선이지만 열차는 한 번에 수천 명의 사람을 실어 나른다. 사실 열차 하나에 한 사람만 실어 나른다면 열차의 거의 모든 공간이 텅텅 빌 것이므로 굉장한 낭비다. 마찬가지로 하나의 통신 채널을 통해서 동시에 실어 보낼 수 있는 데이터의 양은 전화의 음성을 디지털 데이터로 변환했을 때의 데이터 양보다 훨씬 많다. 만약 무선통신에서도 하나의 채널, 즉 주파수를 많은 사용자가 공유할 수 있다면 어떨까? 이러한 아이디어를 구현하기 위해서 나온 것이 바로 대역 확산 통신 방식이다.

이제 라마르의 주파수 도약 기술로 돌아가 보자. 옛날에는 A와 B가 무선 교신을 하기 위해서는 통신 채널로 하나의 고정된 주파수를 사용했다. 이 주파수를 750MHz라고 가정하자. 하지만 주파수 도약 기술에서는 교신을 하면서 주파수를 계속해서 바꾸기 때문에 두 사람이 사용하는 주파수는 748~750MHz와 같은 식으로 일정한 범위로 '확산'될 것이다. 여기서 힌트를 얻은 것이 대역 확산 통신 방식이다. 즉 통신 채널을 고정된 하나의 주파수가 아니라 일정한 대역을 정하는 방식으로 범위를 확산시키는 통신 방식이다.

하나의 채널이 하나의 주파수가 아니라 하나의 대역을 사용한다면 왠지 비효율적으로 보인다. 하지만 한 채널에 많은 사용자를 한꺼번에 연결시킬 수 있다면 이야기는 달라진다. 물론 고정된 주파수를 여러 사용자가 같이 쓰는 것도 불가능하지는 않지만 한 채널이 고정된 주파수만 사용하고 있다가 그 주파수에 잡음이나 간섭이 끼어들면 통신이 끊어지거나 잡음으로 내용을 알아들을 수 없게 된다. 한 주파수에 여러 사용자가 동시에 통신하고 있다가 주파수에 잡음이나 간섭이 일어나면 한꺼번에 여러 통신이 먹통이 된다. 반면 대역을 사용하면 그중 어떤 주파수에 문제가 있어서 통신이 안 되더라도 대역 안에 있는 다른 주파수로 피해 나가면 되므로 통신의 안정성이 높아진다. 또한 여러 주파수를 묶어서 한꺼번에 사용하면 속도를 높이는 효과도 기대할 수 있다.

문제는 과연 한꺼번에 날아오는 데이터 중에서 '내 것', 즉 내가 지금 하고 있는 통화에 관련된 음성 데이터만을 어떻게 골라내서 다시 실제 음성으로 복원할 것인가이다. 여기에서 TDMA와 CDMA라는 개념이 등장한다. TDMA, 즉 시분할다중접속 방식은 신호를 일정한 시간 간격으로 나누어서 데이터를 보내는 것이다. 예를 들어 어떤 채널에 5개의 통화가 연결될 수 있다면, TDMA 방식에서는 전파로 전송되는 신호를 일정한 시간 간격으로 나누어 A, B, C, D, E, A, B, C, D, E……와 같은 순서로 신호를 보낸다. 그러면 각각의 통화는 시간 간격에 따라서 자신의 통화에 대한 것만 골라내어 이어 붙이면 된다.

반면 CDMA는 시간이 아닌 '코드'를 사용한다. 즉 각각의 통화는 고유의 코드로 암호화되며 이 코드는 통화를 하는 둘만이 알고 있다. 여러 통화 데이터가 뒤섞여 전송되어도 받는 쪽에서는 자신의 통화에 해당되는 코드만 골라서 복원하면 된다. 다른 통화의 데이터를 받아봐야 코드가 다르기 때문에 복원할 수도 없다. 암호를 걸어서 이메일로 보낸 문서는 암호를 모르는 사람에게는 아무 쓸모없는 파일에 불과한 것과 마찬가지다.

TDMA와 비교하면 CDMA는 여러 가지 장점이 있다. 무엇보다도 같은 주파수 대역에서 아날로그의 10배, TDMA의 3배나 많은 사용자를 받아들일 수 있기 때문에 효율이 뛰어나다. 또한 코드를 모르면 아무 쓸모없는 데이터에 불과하므로 도청 위험도 별로 없고 통화 품질도 더 좋다. 문제는 시장의 현실성이다. TDMA는 미국과 유럽에서 이미 디지털 이동통신의 표준 기술로 채택되어 일찍 상용화에 성공한 데 반해, CDMA는 미국의 조그만 벤처회사인 퀄컴이 원천기술을 개발해놓긴 했지만 이미 TDMA가 대세인 상황에서 큰 관심을 못 받는 실정이었고, 이 기술로 상용 서비스를 제공하려는 나라도 없었다.

한국이 디지털 이동통신의 상용화를 추진한 것은 아날로그 이동통신이 한계에 부딪치기 시작하면서부터다. 한국은 1988년부터 미국 AT&T의 기술로 아날로그 이동통신을 시작했다. 하지만 시스템

코드분할다중접속 방식인 CDMA는 각각의 통화를 고유의 암호로 만든다. 사진은 이해를 돕기 위한 가상 이미지

과 단말기를 외국에 의존해야 했기 때문에 일반인들에게는 그림의 떡인 데다가 통화 품질도 좋지 않았다. 조금씩 사정이 나아지기는 했지만 가입자가 늘면서 수용 능력도 점점 한계에 다다르기 시작했다. 그에 따라 정부와 이동통신 회사들은 2세대 디지털 이동통신 기술개발에 나섰다.

쉬운 방법을 택하려면 이미 상용화가 이루어진 TDMA을 들여다 쓰면 되겠지만 그렇게 해서는 기존의 강자들에게 종속될 수밖에 없었다. 그때 눈을 돌린 것이 아직까지는 상용화가 이루어지지 않은 CDMA였다. CDMA는 TDMA에 비해 기술적으로 우수했고, 아직까지 상용화를 한 나라가 없다는 것은 역으로 한국이 CDMA

상용화 기술의 종주국 자리를 선점할 수 있다는 뜻이기도 했다.

하지만 개발 과정이 순탄치 않았다. 아직까지 상용화를 통한 검증이 되지 않은 기술에 투자하는 것은 위험부담이 크다는 반론이 만만치 않았기 때문이다. 검증이 되지 않은 기술개발에 굳이 모험을 걸 필요가 있겠느냐는 주장이 거셌다. 한국전자통신연구원에서 통화에 성공한 이후에도 실험실 수준의 기술을 많은 사람이 문제없이 통신할 수 있을 정도로 상용화하는 과정은 또 다른 난관이었다. 또한 TDMA 방식이 대세인 상황에서 아직 시장 점유율이 미미한 CDMA만 고집하다가는 개발 경쟁에서 뒤처지고 한국의 이동통신 관련 회사들이 국제적으로 고립될 수 있다는 반대도 만만치 않았다.

하지만 정부와 민간이 합심하여 총력을 기울인 끝에 1996년 1월, 드디어 한국이동통신지금의 SK텔레콤이 세계 최초로 CDMA 이동통신 상용서비스를 시작했다. 이때까지만 해도 아직 단말기는 미국산을 사용해야 했지만 1996년 2월에 LG전자가 국내 최초의 CDMA 방식 휴대폰인 LDP-200을 내놓았고 4월에는 삼성전자가 SCH-100을 출시하면서 단말기 시장에서도 한국산 전화기가 빠른 속도로 미국산을 대체했다.

결국 CDMA의 가능성을 보고 과감한 투자를 감행한 한국은 3세대 이동통신에 가서 본격적인 결실을 보기 시작했다. 이동통신 가입자가 폭발적으로 늘어나면서 TDMA는 수용 능력이나 품질에 한계를 보이기 시작했고, 유럽과 미국도 차세대 이동통신의 중심축이 CDMA로 옮겨갔기 때문이다. 물론 이들도 저마다의 방식으로 기술을 개발하긴 했지만 CDMA 상용화를 일찍 시작한 한국은 이미 상당한 경험을 쌓았기 때문에 단말기는 물론 CDMA 기반 이동통신 서비스를 운영하는 데 필요한 각종 시스템과 장비 기술에서 앞서가고 있었다. 이는 이동통신 관련 산업과 관련 제품 수출의 빠른 증가로 이어졌다. 그리고 지금 우리는 세계인들이 한국의 휴대폰과 스마트폰을 들고 있는 모습을 목격하고 있다. 미래를 내다보고 위험부담을 감수한 과감한 선택과 투자가 오늘날 이동통신 강국 코리아의 밑거름이 된 것이다.

◇◇◇

UN이 인정한 세계 최고,
한국의 전자정부

은행 지점에 직접 가지 않아도 집에서 은행 일을 볼 수 있고, 매장에 직접 가지 않아도 집에서 물건을 살 수 있는 인터넷 시대에 정부라고 예외는 아니다. 증명서를 발급 받기 위해서 꼭 동사무소나 구청을 가야 할까? 인터넷 뱅킹으로 돈을 보내듯이 인터넷으로 세금을 내면 안 될까? 정부기관을 직접 방문해야 했던 일들을 인터넷으로 처리할 수 있다면 우리의 생활은 한결 편리해질 것이다. 물론 이러한 일들은 이미 대한민국에서 전자정부를 통해 구현되고 있다.

전자정부란 정부의 행정에 관련된 여러 가지 서비스를 온라인, 특히 인터넷을 통해 사용할 수 있도록 함으로써 언제 어디서나 정부의 행정 서비스를 이용할 수 있도록 하는 것을 뜻한다. 전자정부는 정부기관을 방문하는 시간과 비용을 절약함으로써 우리들의 생활에 큰 도움을 준다. 또한 전자정부는 민원인만을 대상으로 하는 것은 아니다. 정부 내부도 전자정부 시스템을 통해 인터넷으로 각종 업무를 처리함으로써 효율성을 높일 수 있고, 기관 사이에 정보를 공유하고, 업무 과정을 통합, 표준화시킴으로써 정부의 업무 처리 과정과 구조에 혁신을 가져올 수 있다.

전자정부가 가져오는 또 한 가지 중요한 혁신은 투명성이다. 정부의 각종 사업이나 정책을 둘러싸고 이권이나 부정부패가 개입함으로써 세금을 낭비하고 사업이 부실화되는 등의 문제가 종종 일어났다. 전자정부가 구축되면 첫째, 그동안은 직접 만나서 처리해야 했던 업무들이 온라인으로 처리되기 때문에 공무원과 민원인이 만나는 과정에서 부정한 금품이나 협상이 오갈 여지가 줄어든다. 둘째, 각종 데이터가 디지털화되고 데이터베이스에 저장됨으로써 정보를 검색하고 분석하기가 훨씬 간편해지기 때문에 미심쩍은 내용을 찾아내기가 훨씬 편리해졌다. 마지막으로 온라인을 통해서 더 많은 정부의 정보가 공개되고, 국민들이 인터넷에서 편리하게 이러한 정보를 찾아볼 수 있으므로 정보 공개를 통한 투명성에도 큰 기여를 하게 된다.

정부의 행정업무를 전산화시키려는 노력은 1970년대부터 차근차근 이루어져 왔지만 그 수준은 정부 내부의 일부 업무를 전산화하는 수준에 머물렀다. 우리가 생각하는 전자정부와 비슷한 형태의 서비스가 처음으로 제공된 것은 1977년 충청북도의 행정전산화 시범사업이라고 할 수 있다. 이때 충청북도 전 지역의 행정기관에 컴퓨터 단말기가 설치되었고 주민 데이터, 호적 데이터, 자동차 데이터와 같은 기초 행정자료가 디지털화되었다. 또한 원격으로 민원서

류를 발급하는 서비스도 시도했다. 비록 시범사업이긴 했지만 충북
행정전산화 시범사업은 원격으로 민원서류를 발급하는 데 성공하
고 주민 관련 행정데이터의 디지털화를 실제로 구현함으로써 이후
전자정부 구축 과정의 기반이 되었다.

1987년, 정부는 5대 국가기간전산망 사업을 시작하면서 전자정
부를 향한 야심찬 계획을 선보였다. 1991년까지의 1단계 사업에서
는 전산망의 기반을 구축하고 국가의 주요 정보를 데이터베이스화
하는 것을 목표로 했다. 1992년부터 1996년까지 진행되는 2단계
사업은 각 기관 사이의 전산망을 서로 연동시킴으로써 정보를 공
동 이용할 수 있는 체제를 구축하는 것을 목표로 했다. 마지막으로
1997년부터 진행되는 3단계 사업은 본격적으로 전자정부 서비스
를 시작하는 것을 목표로 했다.

이러한 사업이 착실하게 진행되면서 전자정부의 구상은 점점 구
체화되었다. 1991년에는 주민등록등본의 온라인 발급 서비스를 시
작했다. 이전까지 주민등록등본을 떼려면 반드시 주소지에 있는 동
사무소에 가야 했지만 온라인 발급 서비스가 시작되면서 전국 어느
동사무소에 가든 주민등록등본을 발급 받을 수 있게 되었다. 집에
서 서류를 발급 받는 수준에까지는 이르지 못했고, 가정에 컴퓨터
와 인터넷, 프린터가 제대로 보급되지 않은 시기이긴 했지만 처음
으로 국민을 대상으로 한 서류 발급을 전국 단위의 온라인 서비스
로 제공한 것이다.

1996년은 전자정부의 구체적인 개념이 처음으로 등장한 시기로

볼 수 있다. 지금까지 착실하게 진행해온 행정정보화를 바탕으로 전자정부 구현을 목표로 하는 정보화촉진기본계획이 세워졌다. 그 이듬해인 1997년에는 행정정보화 추진방향에 '작지만 생산성이 높은 전자정부 구현'이 명시됨으로써 '전자정부'라는 말이 처음으로 공식화되었다. 1999년에는 더욱 중장기적인 목표를 설정한 전자정부 종합실천계획을 수립했다. 또한 5만여 명의 공무원들에게 이메일 계정을 발급하고 세종로와 과천, 대전 정부청사를 초고속망으로 연결하는 '나라망'을 구축했다.

이 시기의 행정정보화에는 한 가지 독특한 중점사업이 있었는데, 바로 2000년 연도 표기 문제, 즉 밀레니엄 문제였다. 이 당시에는 날짜를 데이터로 저장할 때 연도를 두 자릿수로 사용했다. 즉 1997년 1월 1일이라면 970101과 같은 형식의 데이터로 저장한 것이다. 처음에 컴퓨터가 개발되었을 때에는 컴퓨터를 사용하고 저장할 수 있는 데이터의 용량이 지금과는 비교할 수 없을 정도로 작았기 때문에 이 날짜를 19970101과 같이 두 글자 더 많게 저장하는 것조차도 낭비로 여겼다. 그런데 1999년에서 2000년으로 넘어가는 시기가 다가오면서 큰 혼란이 일어났다.

1997년 1월 1일보다 2000년 1월 1일이 더 나중이라는 것은 누구나 안다. 그런데 컴퓨터에서는 전혀 다른 결과가 일어난 것이다. 970101과 980101을 비교하면 980101이 더 클 것이라는 건 누구나 안다. 하지만 970101과 000101을 비교한다면? 엉뚱하게도 970101이 더 커진다. 즉 컴퓨터는 000101을 1900년 1월 1일로 인식해버린 것이다. 만약 은행의 입출금 내역에 날짜가 이와 같은 방식으로 저장되면 2000년으로 넘어갈 때 입출금 순서가 뒤죽박죽이 되어버린다. 물론 예외를 두어서 000101을 2000년으로 인식하도록 만들 수도 있지만 2097년이 되면 또 970101이 문제가 된다. 그 때문에 정부는 말할 것도 없고 컴퓨터 시스템을 사용하는 거의 모든 분야에서 밀레니엄 연도 표기 문제는 큰 이슈가 되었고, 한국 정부에서도 이 문제를 중점 과제로 삼을 정도였다.

2000년에 들어서면서 전자정부 11대 과제가 제시됨으로써 전자정부 구축을 위한 구체적인 계획과 일정이 만들어졌다. 각종 민원을 인터넷을 기반으로 처리하고, 민원과 신청에 필요한 첨부서류를 줄이며, 세금 관련 각종 신고 및 납부를 인터넷으로 할 수 있도록 하며, 정부의 조달업무도 온라인을 기반으로 서비스하는 것과 같이 오늘날 우리가 인터넷으로 할 수 있는 정부 민원업무의 대부분이 전자정부 11대 과제를 통해 그 윤곽이 잡혔다. 이듬해인 2001년에는 전자정부 구현을 위한 행정업무 등의 전자화 촉진에 관한 법률^{전자정부법}이 제정되고 전자정부특별위원회가 출범했다.

2002년 11월 13일, 청와대에서 열린 전자정부 기반 완성 보고회는 드디어 대한민국에 본격적인 전자정부가 출범했다는 것을 선언하는 자리였다. 웹사이트 http://e-gov.go.kr를 통해 국민들은 행정기관에 가지 않아도 집에서 각종 민원업무를 처리할 수 있게 됨으로써 정부의 국민 서비스에 혁신을 가져왔다. 이후에도 전자정부는 계속해서 발전을 거듭해왔다. 2003년에는 전자정부 31대 로드맵 과제를 추진하여 일하는 방식 혁신, 대국민서비스 혁신, 정보자원관리 혁신, 법제도 정비라는 네 가지 주요 과제를 설정했다. 이를 통해 대한민국의 전자정부는 짧은 기간에 세계 최고 수준으로 발돋움했다.

한국의 전자정부는 하나의 수출 상품으로도 각광을 받고 있다. 2011년 전자정부 관련 시스템 수출은 2억 3,771만 달러를 기록했으나 2015년에는 5억 3,404만 달러로 두 배를 훌쩍 뛰어넘는 큰 폭의 성장을 기록했다. 수출 국가별로 보면 동남아시아권이 가장 큰 비중을 차지하고 중남미, 아프리카, 중앙아시아와 서남아시아가 그 뒤를 잇고 있다. 산업화를 추진하면서 전자정부 구축의 필요성을 절감한 신흥국가들이 한국의 전자정부를 수입하고 있는 것이다. 수출 품목으로 보아도 가장 기초적인 인프라라고 볼 수 있는 통합센터와 행정망이 가장 많은 비중을 차지하고 있지만 관세 및 특허 관련 시스템도 인기를 끌고 있다.

한국 전자정부의 우수성은 국제사회에서도 높은 평가를 받고 있다. 2003년부터 UN은 2년 단위로 전체 회원국을 대상으로 전자정부를 평가하고 그 순위를 매기기 시작했다. 한국은 2010년에 처음으로 UN 전자정부 평가 1위에 오른 데 이어 2012년과 2014년에도 1위를 차지함으로써 국제사회가 인정하는 최고의 전자정부로서 그 입지를 다졌다. 중앙정부만이 세계 최고의 전자정부 경쟁력을 갖춘 것은 아니다. 서울시 역시 미국 럿거스대학교 공공행정대학 전자연구소와 보스턴 메사추세츠 정책·국제연구학원이 전 세계 100개 대도시를 대상으로 실시하는 '세계 대도시 전자정부 평

대한민국은 'UN 전자정부 평가'에서 3회 연속
1위를 차지했다.

가'에서 2003년 이후로 계속해서 1위 자리를 지키고 있다. 2016년에도 서울시는 79.92점을 차지해서 2위를 차지한 핀란드 헬싱키를 10점 이상의 큰 점수차로 따돌렸다. 서울시는 2010년에는 세계도시 전자정부 협의체^{WeGO}를 창립하고 114개 도시가 가입되어 있는 이 협의체의 의장도시 역할을 수행하고 있어서 글로벌 도시 전자정부를 주도해 나가고 있다.

국가의 주도로 장기간에 걸쳐서 계획을 세우고, 추진하고, 서비스를 출범시키고 업그레이드시켜 온 과정은 정부 주도의 ICT 혁신이 국민들에게 얼마나 편리한 서비스를 제공하고 정부 업무의 투명성을 높일 수 있는지를 잘 입증해주고 있다. 또한 여러 정권을 거치는 동안에도 사업이 흔들리지 않고 추진됨으로써 한국의 ICT 관련 정책이 정부 교체에도 불구하고 일관성을 가지고 발전해왔다는 사실을 입증해주는 좋은 사례이기도 하다.

—   글로벌 ICT 시장에서 한국의 강점과 경쟁력은 어디에 있다고 보십
      니까?

앞에서 이미 몇 가지 이야기를 했습니다만 덧붙여서 더 이야기하자
면, 한국 국민들 중 대다수가 IT기기를 활용할 수 있다는 것은 큰 강
점입니다. 2000년부터 2002년까지 한국 정부는 인구의 약 20%에
이르는 1,000만 명을 목표로 컴맹과 넷맹을 탈출하는 프로그램을
야심차게 실행했습니다. 그 대상으로는 가정주부, 군인, 농어민, 노
인, 장애인, 심지어는 교도소 재소자들까지 포함되어 있었습니다.
더 많은 사람이 인터넷에 접속할 수 있도록 저가 컴퓨터가 공급되
었고, 도심에서부터 작은 마을까지 우체국을 활용해서 약 4,000여
곳에 무료 정보 시설이 설치되었습니다. 한국의 학교는 모두 무료
또는 저렴한 비용으로 인터넷으로 연결되었습니다. 이러한 노력들
은 거대한 수요와 ICT 산업 시장을 창출했을 뿐만 아니라 한국 사
회 전반에 걸쳐 인적 인프라를 구축하는 성과를 이루었습니다. 한
국은 전통적으로, 그리고 지금까지도 교육열이 높기 때문에 문맹이
거의 없고 학교 교육을 받는 인구 비율도 높습니다. 이는 광범위한
ICT 확산에 필수적이라고 할 수 있습니다. 여기에 더해서 한국에
는 기술적 지식이 높은 소비자들이 많습니다. 이들은 인터넷과 여
러 가지 새로운 디지털 서비스 개발을 추진하는 데 크게 이바지 했
습니다.

   또 한 가지 빼놓아서는 안 되는 정책과 계획은 정보화마을 조성
사업입니다. 행정자치부가 지속적으로 지원한 이 계획은 많은 나라

가 자국의 발전을 위해 참고하고 따라 하려고 하는, 정말로 최고의 실행 사업이라고 할 수 있습니다. 이 계획은 ICT 인프라를 농어촌과 연결시키고 농어민들을 교육시키고, 인터넷을 통해 마을의 특산품을 판매할 수 있도록 해서 지역 농어촌 경제에 새로운 활력을 불어넣은 정말 놀라운 계획이자 확실한 성공을 거둔 사례입니다.

— 한국의 ICT 산업 성공에 크게 이바지한 인물을 꼽는다면 누가 있겠습니까?

특정한 사람은 잘 생각이 나지 않습니다만, 한국의 ICT 성공에 가장 큰 역할을 한 주역이라면 한국 정부라고 생각합니다. 여러 차례 정권이 교체되었지만 한국의 ICT 산업은 계속해서 성장해왔고 새로운 정부가 들어설 때에도 정책, 계획, 프로젝트는 지속되었습니다. 한국 정부의 ICT 관련 정책의 지속성은 보기 드문 사례입니다. 업무 관계로 많은 개발도상국을 방문할 때마다 느끼는 것은 새로운 정부가 들어설 때마다 이전 정부의 성과와 프로젝트를 거의 다 폐기해버린다는 점입니다. 그저 자기들의 새 프로젝트를 시작하기 위해서 말입니다. 1보 전진했다고 2보 후퇴해버리는 것이나 마찬가지여서 국민들도 발전이 없었습니다. 한국에서는 새로운 정부가 들어설 때에는 이전 정부의 정책과 계획을 굳이 시비를 걸지 않고 유지하면서 ICT 산업을 계속해서 지원해 나갑니다. 정말로 인상적인 모습이며 찬사를 받을 만합니다.

대한민국 인터넷의 아버지,
전길남 박사

세계를 선도하는 대한민국 ICT의 오늘은 정부와 민간의 긴밀한 연계, 그리고 과감한 정책과 투자가 계속해서 시너지 효과를 이루면서 만들어낸 결과물이라 할 수 있다. 이 과정에서 수많은 인터넷 기업가들이 명성을 얻으면서 스타로 떠올랐다. 그런데 한국의 ICT, 그리고 인터넷의 역사를 거슬러 올라가다 보면 만나게 되는 이름이 있다. 바로 전길남 박사다.

전길남 박사가 어떤 분인지를 이해하려면 인터넷의 역사를 잠깐 살펴볼 필요가 있다. 이제는 우리 생활의 절대적인 일부가 된 인터넷은 처음에 어떻게 만들어진 것일까? 그러자면 1960년으로 거슬러 올라가야 한다. 미국 국방부 소속 연구소인 고등연구계획국은 냉전이 한창이던 1969년, 핵전쟁이 일어나는 극단적인 상황 속에서도 안정적으로 정보를 주고받을 수 있는 네트워크를 만들기 위한 연구를 하고 있었다. 그 결과 나온 것이 패킷 스위칭^{packet switching}이라는 통신 방식이다.

어떤 지점에 있는 컴퓨터에서 다른 지점에 있는 컴퓨터로 데이터를 보내려면 그 과정에서 여러 컴퓨터를 거치게 된다. 내 컴퓨터와 다른 모든 컴퓨터를 1대 1로 연결하는 것은 불가능하기 때문이다. 우리가 택배를 보내면 택배를 받은 기사가 직접 받는 사람에게 갖다 주는 게 아니라 여러 대리점과 집하장, 물류센터를 거쳐서 목적지에 도착하는 것과도 비슷하다. 패킷 스위칭 이전에는 서킷 스위칭circuit switching이라는 방식을 사용했는데, 이 방식은 미리 어떤 경로로 데이터가 전달될지를 정해놓는 것이다. 즉 출발할 때 내비게이션으로 미리 경로를 설정해놓고 무조건 그 경로를 따라가는 것과도 비슷하다. 반면 패킷 스위칭은 데이터에 배달될 주소를 적어놓고 어떤 컴퓨터를 거치든 목적지로만 가면 된다는 개념이다. 마치 목적지를 적은 종이를 들고 중간 중간 안내센터에 들러 물어 물어 길을 찾아나가는 것과 비슷하다.

보통의 상황이라면 미리 경로를 파악해서 딱 그대로 따라가는 서킷 스위칭이 빠르고 좋다. 하지만 전쟁이 나서 데이터가 거쳐갈 경로 중간에 있던 컴퓨터가 폭격을 맞아 망가졌다면? 그 지점에서 데이터는 길을 잃고 오도 가도 못하게 된다. 반면 패킷 스위칭은 '모로 가도 서울만 가면 된다'는 식이다. 즉 가던 길이 막히면 다른 길로 돌아가더라도 어쨌든 돌고 돌아서 목적지까지 간다는 개념이다. 따라서 원래 가려던 경로가 망가졌더라도 데이터가 목적지까지 갈 수 있다.

패킷 스위칭의 또 다른 중요한 차이점이라면 전체 데이터를 작은 덩어리로 쪼개서 덩어리 단위로 내보내는 것이다. 서킷 스위칭은 미리 경로를 터놓고 데이터를 보내는 것이므로 전체 데이터를 계속해서 쏟아붓는다. 마치 A에서 B까지 가는 경로에 호스를 설치해놓고 양동이에 담은 물을 부어주면 호스를 따라서 데이터가 A에서 B까지 가는 것과 비슷하다. 반면 패킷 스위칭은 양동이에 담은 물을 작은 병에 나눠 담고 병에다가 '목적지 : B'라고 이름표를 붙여놓는 것과 비슷하다. 이러한 덩어리를 패킷이라고 한다. 서킷 스위칭과는 달리 각각의 덩어리, 즉 모든 패킷이 반드시 똑같은 경로를 거쳐 목적지까지 간다는 보장이 없다. 각 덩어리가 출발할 때마다 그때그때 상황에 맞는 최적의 경로를 찾아서 갈 뿐이다.

서킷 스위칭의 경우 데이터는 목적지를 모르고 물이 호스를 따라가듯 그냥 정해진 경로만 따라가게 되어 있는데 그 경로에 문제가 생기면, 즉 어떤 문제가 생겨서 중간에 호스가 끊기면 그 뒤의 물은 중간에서 새어나가 버린다. 반면 패킷 스위칭은 각 덩어리들에 목적지 주소가 붙어 있기 때문에 상황에 따라 다른 경로로 돌아서 갈 수 있다. 따라서 상황이 변해도 데이터가 목적지에 도착할 가능성이 훨씬 높다는 장점이 있다.

이러한 패킷 스위칭의 개념을 도입해서 개발된 네트워크가 인터넷의 원조로 꼽히는 아르파넷ARPANET이다. 고등연구계획국ARPA이 만든 네트워크NET라는 뜻인 셈이다. 1969년에 캘리포니아주립대학교 로스앤젤레스 캠퍼스, 스탠퍼드대학교 연구소, 캘리포니아주립대학교 산타바버라 캠퍼스, 그리고 유타대학교를 네트워크로 연결한 것이 아르파넷의 시초다.

아르파넷이 제시한 패킷 스위칭은 오늘날 인터넷 기술의 기반이다. 인터넷도 전 세계에 걸쳐 셀 수도 없이 많은 컴퓨터가 거미줄처럼 연결되어 정보를 주고받는다. 날마다 인터넷에 새로운 컴퓨터들이 추가되는가 하면 소리 소문 없이 사라지는 컴퓨터도 있다. 미리 경로를 고정해놓고 정보를 주고받는 서킷 스위칭 방식은 이와 같이 끊임없이 구성이 바뀌는 인터넷에서는 너무나 자주 길을 잃어버릴 수 있다. 따라서 인터넷도 패킷 스위칭 방식의 일종인 TCP/IP라는 통신 규격으로 정보를 주고받는다. 아르파넷은 이 TCP/IP 통신 규격의 시초이기도 하다.

그런데 미국 다음으로 인터넷 방식으로 컴퓨터를 연결시키는 데 성공한 나라는 어디일까? 놀랍게도 한국이다! 그것도 당시 일반인들에게는 컴퓨터라는 물건조차도 쉽게 보기 어려웠던 1982년에, 경상북도 구미에 있던 당시 전자기술연구소와 서울대학교를 인터넷 방식으로 연결시키는 데 성공함으로써 미국에 이어 두 번째로 인터넷을 성공시켰다. 그리고 이 놀라운 성과를 이룬 주역이 바로 전길남 박사다.

지금은 인터넷에 컴퓨터를 연결시키려면 그저 인터넷 케이블을 컴퓨터에 끼우거나 무선 인터넷에 간단하게 접속하는 것으로 충분하다. 하지만 전길남 박사가 처음으로 컴퓨터를 인터넷에 연결했을 때에는 모든 것을 처음부터 다 만들어야 했다. 즉 TCP/IP라는 통신 규격으로 컴퓨터가 데이터를 주고받는 방법부터 시작해서 직접 모든 것을 만들어야 했다. 우리가 요즘 인터넷을 쓰는 것을 이미 만들어진 자동차에 올라타서 운전만 하는 것에 비유한다면 전길남 박사는 처음부터 엔진, 기어, 실내를 비롯해서 자동차 한 대를 다 만든 셈이다.

전길남 박사는 1946년 일본 오사카에서 태어난 재일교포다. 박사의 부모는 경상남도 거창군이 고향이었지만 제2차 세계대전의 혼란 중에 일본으로 건너갔고 그곳에서 박사를 낳았다. 일본에서 성장해서 오사카대학교 전자공학과를 졸업한 전길남 박사는 미국 유학길에 올라 캘리포니아주립대학교 로스앤젤레스 캠퍼스^{UCLA}에서 컴퓨터공학 박사 학위를 받았다. UCLA는 아르파넷에 처음으로 연결되었던 네 개의 기관 중 하나였고, 전길남 박사의 스승은 아르파넷의 책임자였던 레너드 클라인락 교수였다. 또한 그의 학교 친구들 중에는 초기 인터넷 개발에 참여한 과학자들이 여럿 있었다. 전길남 박사는 네트워크와 아르파넷을 자연스럽게 만나게 되었지만 당시에는 그저 재미있는 프로젝트 정도로 생각했을 뿐, 프로젝트에 직접 참여하는 정도까지는 아니었다. 또한 아르파넷은 당시로서는 첨단 군사기술의 성격을 가지고 있어서 외국인이 참여하는 것을 꺼리는 분위기도 있었던 듯하다.

전길남 박사는 박사 학위를 받은 후 미항공우주국^{NASA} 연구원으로 일하다가 1979년에 우리나라 정부의 해외 과학자 유치 프로그램으로 한국에 오게 되었다. 1976년 정부는 정보통신 및 전자 관련

기술개발을 주도하기 위한 산업연구원KIET를 설립했고 전길남 박사는 책임연구원 자격으로 귀국했다. 당시 한국 정부는 자동차와 운전기사, 아파트까지 제공하는 파격적인 조건을 내걸고 우수한 해외 교포 과학자들을 한국에 유치하기 위해서 열을 올렸다. 이 프로그램을 통해서 해외의 뛰어난 교포 과학자들이 귀국해서 한국 과학기술 발전의 기틀을 다졌다.

하지만 물질적인 이유가 그들을 한국에 오게 했던 유일한 이유는 아니었다. 당시 한국의 실정으로서는 분명 파격적인 조건이었지만 선진국과 비교하면 한국은 연구 환경이나 경제력을 비롯해서 많은 부분이 뒤떨어져 있었다. 그럼에도 조국의 과학기술 발전에 이바지한다는 사명감으로, 그리고 과학기술 발전이 국가 발전의 핵심이라는 사실을 깨닫고 당시로서는 가난했던 조국의 정부가 과감한 투자로 최고의 대우를 약속하면서까지 과학자들을 유치하려는 열성에 감동을 받아 교포 과학자들은 과감하게 귀국길에 올랐다. 전길남 박사도 그중 한 사람이었다.

사실 박사는 이미 고등학생 때부터 '한국에 가야겠다'는 생각을 했다고 한다.

미래의 진로를 생각해야 했던 고등학교 3학년 때 '우리나라'의 정체성에 대해 고민했던 박사는 한국에 가야겠다고 결심했다. 언젠가는 한국으로 돌아가서 조국에 도움이 되는 사람이 되어야겠다는 마음으로 공부한 박사는 전공을 선택할 때에도 어떤 공부를 해야 나중에 조국에 도움이 될 수 있는지를 주변에 물었다. 그 결과 공학 중

'아시아에 인터넷을 가져온 인물'이라는 평가를 받는 전길남 박사

에서도 첨단 과학기술을 공부하면 조국에 도움이 될 것이라고 판단하고 전자공학을 선택했다. 하지만 가족들은 당시로서는 취직이 어려웠던 공학을 전공하는 것도, 나중에 가난하기 이를 데 없었던 한국에 돌아가는 것도 반대했다. 그럼에도 뜻을 굽히지 않고 전자공학을 공부한 박사는 오사카대학교를 졸업한 후 소련^{지금의 러시아}과 미국 유학을 놓고 고민하다가 한국에서는 소련의 박사 학위를 안 좋아할 것이라는 말을 듣고 미국 유학을 결심했다. 박사는 이미 어렸을 때부터 한국의 과학기술 발전에 이바지하려는 꿈을 키워왔고, 드디어 1979년, 기회가 왔을 때 주저 없이 한국행을 선택했다.

한국에 돌아온 박사에게 맡겨진 과제는 '국산 컴퓨터를 만드는 것'이었다. 당시 한국은 정부와 대학교, 일부 기업에서 전산 시스템을 도입하고 운영하고 있었지만 국내에서는 컴퓨터를 만들 기술이 없었기 때문에 모든 장비를 해외에서 수입해와야 했다. 정부는 박사에게 국내 활용은 말할 것도 없고 더 나아가 해외에 수출할 수 있는 컴퓨터를 만들어줄 것을 원했다.

하지만 박사의 생각은 조금 달랐다. 컴퓨터의 국산화도 중요했지만 미국 유학 시절 아르파넷을 통해서 먼 거리에 있는 컴퓨터들이 연결되고 통신하는 모습을 보면서 미래의 진짜 잠재력은 네트워크에 있다는 것을 깨달은 것이다. 박사는 컴퓨터 국산화에 더해서 컴퓨터 네트워크 개발까지 추가하려고 했지만 당시 컴퓨터조차도 극히 소수만이 만나볼 수 있었던 낯선 물건이었던 현실 속에서 네트워크에 대한 잠재력을 알아보는 사람은 별로 없었고, 당장에 돈이 될 수 있는 컴퓨터 국산화에만 열을 올리는 실정이었다. 첫 번째 네트워크 연구 개발 계획은 결재를 받지 못해서 좌절되었지만 박사는 포기하지 않고 컴퓨터 설계 개발 계획에 네트워크 개발 계획을 넣어서 연구를 함께 시작했다.

박사는 컴퓨터 국산화와 네트워크 개발 연구에 전력을 다하는 한편으로 서울대학교에서 학생들을 가르치면서 당시로서는 생소했던 네트워크 분야의 전문 인력을 양성하고 연구 인력을 확보하는 데에도 주력했다. 실제로 박사의 제자 중에는 한국 인터넷 산업계의 1세대를 이끌었던 벤처 기업인들이 다수 배출되었다. 다행히 네트워크의 잠재력을 깨닫기 시작한 한국통신과 몇몇 대기업이 연구비를 지원해주면서 박사의 꿈은 차근차근 현실로 옮겨지기 시작했다.

드디어 1982년 5월 15일, 구미의 전자기술연구소^{지금의 ETRI} 컴퓨터 개발실에 연구원들이 모였다. 이들은 초조한 눈빛으로 아무 말 없이 컴퓨터 화면만을 바라보았다. 이윽고 화면에 알파벳 세 글자가 떴다. 'SNU', 바로 서울대학교의 영문 약자였다. 그 순간 침묵이 깨지고 박수 소리와 환호하는 함성이 개발실을 가득 메웠다. 전자기술연구소와 서울대학교 연구소 사이에 TCP/IP 통신 규격을 사용해서 한국 기술로 개발한 네트워크 통신망인 SDN^{System Development Network}이 성공하는 순간이며, 미국에 이어서 두 번째로, 한국이 인터넷 방식 네트워크로 컴퓨터를 연결시킨, 세계 인터넷 역사에 길이 남을 역사적인 순간이었다.

그 당시 컴퓨터나 네트워크 분야에서는 전혀 언급도 되지 못했던 한국이 미국 다음으로 인터넷 방식 네트워크 개발에 성공했으리라고는 그 어떤 나라에서도 예상하지 못했다. 박사의 회고에 따르면 한국이 성공을 거두고 나서 미국이나 유럽에서는 "한국이 되는데 일본이 안 돼?"라는 분위기였다고 할 정도였다. 박사의 성과는 단지 '세계 두 번째'라는 타이틀의 의미만은 아니었다. 사실 박사가 네트워크 기술을 개발했던 첫 번째 이유는 한국의 대학원생과 연구원들 때문이었다. 이미 미국은 유명 대학들이 논문을 인터넷에 올리고 받아가는 시스템을 갖추어 나가고 있었다. 한국이 인터넷 연결에 성공하면서 한국의 대학원생들도 인터넷을 활용해서 논문과 자료를 주고받는 연구 환경을 갖출 수 있게 되었다. 실제로 한국의 대학교들이 속속 SDN에 연결되어 전산망을 운용했고, 1990년대 초까지는 한국의 대다수 대학교들이 SDN을 통해서 인터넷을 사용할 수 있게 되었다.

전길남 박사가 세계를 깜짝 놀라게 한 또 하나의 성과는 바로 자체 기술 라우터 개발이었다. 인터넷을 통해서 먼 거리에 있는, 특히 외국에 있는 컴퓨터와 연결하기 위해서 반드시 필요한 것이 라우터router다. 앞서 이야기했던 것처럼, 인터넷의 기반 기술인 패킷 스위칭 기술은 전체 데이터를 작은 덩어리로 잘라서 목적지 주소를 붙여 보내는 것이다. 인터넷은 셀 수 없이 많은 컴퓨터와 네트워크가 마치 큰 도시의 복잡한 도로망처럼 얽혀 있다. 이 정보의 도로를 따라 돌아다니던 데이터가 교차로에 왔을 때, 데이터에 붙어 있는 목적지를 보고 '어느 길로 보내야 이 녀석이 원하는 곳으로 빨리 갈 수 있을까?' 하고 판단해서 보내주는, 일종의 교통경찰이 필요하다. 이 역할을 하는 장비가 라우터다.

그런데 미국은 이 라우터를 일종의 군사기술로 취급했기 때문에 외국에 기술을 내어주지도 않았을뿐더러 라우터 장비도 팔기를 꺼렸다. 당시 미국은 캐나다나 영국, 노르웨이를 비롯한 일부 제한된 북대서양조약기구NATO 군사동맹국가에만 라우터를 제공하고 인터넷을 사용했다. 비록 한국이 인터넷 연결을 위한 핵심 기술을 자체 개발하고 이를 통해 실제로 컴퓨터 통신에 성공했다 하더라도 라우터가 없으면 국내의 일부 컴퓨터를 연결하는 것으로 그 활용이 제한될 수밖에 없었다. 냉전시대에 한국과 가까운 위치에 있는 공산권 국가인 북한이나 소련, 중국으로 혹시나 기술이 유출될까 봐 미국은 한국에 라우터 장비를 판매하는 것조차도 거절했다.

결국 전길남 박사와 연구진은 라우터를 아예 자체 개발하기로 결심했고, 컴퓨터 소프트웨어를 개발해서 컴퓨터가 라우터 구실을 해서 전화선을 통해 미국의 인터넷망에 연결하는 데 성공했다. 이는 인터넷 역사에 일대 사건이 되었다. 이전까지는 미국이 기술을 독점하면서 몇몇 나라에만 라우터를 팔았기 때문에 인터넷망은 실질적으로는 미국이 원하는 나라에게만 개방되었다. 그러나 한국이 자체 기술로 라우터를 개발하고, 미국 인터넷망에 접속하는 데 성공하면서 그 독점구조가 깨진 것이다. 게다가 전길남 박사는 이 기술을 아시아의 주변 국가에까지 전수하면서 아시아 국가들에게 인터넷 접속의 길을 열어주었다. 결국 인터넷망을 관리하고 있던 미국 과학재단은 폐쇄적인 정책을 버리고 인터넷을 전 세계에 완전히 개방하기로 정책을 바꾸었다. 전길남 박사의 성과가 없었다면 지금과 같이 세계를 하나로 묶는 인터넷 시대는 훨씬 늦어졌을 것이다. '한국 인터넷의 아버지'라는 별명은 어쩌면 한국은 말할 것도 없고 전 세계 인터넷의 정책을 뒤흔든 박사의 업적을 담기에는 부족한 표현일지도 모른다.

비록 당시의 한국은 여전히 인터넷의 잠재력에 대한 이해가 부족했고 투자 역시 인색해서 인터넷의 초창기 주도권은 기존의 선진국들에게 내어줄 수밖에 없었다. 하지만 이후에 한국이 후발주자로 시작해서 짧은 시간 안에 인터넷 강대국으로 자리 잡은 배경에는 전길남 박사와 같은 시대를 앞서간 과학자들의 노력과 성과를 바탕으로 한 기술력이 자리 잡고 있었음은 분명하다.

전길남 박사가 인터넷에 끼친 영향력과 공헌을 기념하여 인터넷 국제표준을 정하는 기관인 인터넷 소사이어티ISOC는 2012년, 전길남 박사를 한국인으로는 최초로 인터넷 명예의 전당에 이름을 올렸다. ISOC는 그를 '아시아에 인터넷을 가져온 인물'이라면서 찬사를 아끼지 않았다.

—   오늘날 글로벌 ICT 산업의 경쟁은 더욱더 치열해지고 있습니다. 한
        국이 잘 대응하고 있다고 생각하십니까? 그리고 올바른 방향으로 나
        아가고 있다고 생각하십니까?

그렇습니다. ICT 산업의 글로벌 경쟁은 점점 더 치열해지고 있습
니다. 화웨이와 같은 중국 브랜드가 이곳 북미 지역에서도 점차 발
을 넓혀가고 있는 모습을 보면 세계적인 경쟁은 치열해지고 있는
듯합니다. 하지만 한국도 글로벌 기업을 가지고 있고, 잘 해나가고
있다고 생각합니다. 공공부문 ICT 프로젝트는 계속해서 발전해가
고 있지만 대기업들은 한국의 공공부문에만 의존할 수는 없습니
다. 글로벌 시장으로 더욱 발을 넓혀야 합니다. 물론 말은 쉽지만
실행은 힘들죠. 앞으로 유망한 ICT 산업에는 정보 보안, 인공지능,
3D 프린팅, 로봇 기술, 가상현실, 사물인터넷^{IoT, Internet of Things}, 스마
트 파워그리드^{전력망}와 같은 영역들이 있습니다. 그리고 이러한 거의
모든 분야에서 한국은 이미 상당한 수준에 와 있거나 시장을 선도
하고 있습니다.

—   한국의 ICT 산업 발전을 위해서 좀 더 강화해야 할 부분이 있다면 어
        떤 것들이 있을까요?

ICT 산업계에서 높은 수준의 발전을 이룬 나라로서 조금 의외인
면은, 컴퓨터 바이러스나 해킹에 취약하다는 점입니다. 그 때문에
사회적으로 개인정보와 사생활 유출이 문제되고 있습니다. 정치적
으로 보나 사회철학적으로 보나 사회에 나쁜 영향을 미친다는 면에

한국은 ICT에서 높은 수준의 발전을 이루었지만 컴퓨터 바이러스나 해킹에 취약하다는 약점이 있다.

서 중요한 문제입니다. 한국이 액티브X와 같은 오래된 구식의 소프트웨어 기술에 아직도 의존하고 있는 문제도 글로벌 무대에서 더욱 경쟁력을 높이기 위해서는 개선할 필요가 있습니다. 물론 한국의 ICT 산업은 대단히 높은 수준이기 때문에 세대간, 그리고 도시와 농어촌 간의 정보 격차를 줄이는 것도 중요합니다.

— 마지막으로 ICT 분야에 관심이 많은 분들, 특히 ICT로의 진로를 생각하는 청소년들을 위해 한 말씀 부탁드립니다.

ICT는 이미 우리가 살아가는 방식이자 우리가 살고 있는 세상입니다. ICT는 광범위한 분야에 침투해 있기 때문에 이제는 별개의 산업으로 나누기도 힘들 정도입니다. 특정한 ICT 지식만 필요한 것이 아니라 다른 분야의 지식, 이를테면 비즈니스, 금융, 법, 의료, 그리고 미디어와 같은 분야의 지식과 IT 지식을 결합하는 것도 필수입니다. 이제는 전통적인 ICT의 역할이라는 것은 존재하지 않습니다. 상상할 수 있는 모든 분야에서 너무나 다양한 기회들이 있습니다. 여러 조직, 그리고 여러 분야에서 만난 사람들에게서 이러한 트렌드를 볼 수 있습니다. 기술 전문가들은 많은 조직의 심장부에서 역동적이고 다양한 기능을 수행하는, 심지어 다양한 국적의 팀과 함께 일하거나 팀을 이끌어나갑니다. ICT 전문가들은 기업의 전략이나 경영 변화에 가깝게 연관되어 있습니다. 이 모든 것들은 뛰어난 비즈니스, 기술 및 사회적인 기술을 필요로 합니다. 외국어 공부도 중요합니다. 더욱더 많은 ICT 프로젝트가 다국적인 기반에서 진행되고 있고, 전 세계의 다양한 사람들과 관계를 맺어야 하기 때문입니다. 물론 이러한 다국적 기반의 소통은 좋든 싫든 영어로 이루어지므로 영어 실력은 더 많은 기회를 얻기 위한 무기가 됩니다.

초연결사회를 향해 달려가는
대한민국

ICT는 이제 특정한 산업 분야라고 하기 어려울 정도로 광범위한 분야와 만나고 있다. 과거에는 ICT라고 하면 테이블 위에 놓인 컴퓨터를 유선 네트워크에 연결하는 통신망을 먼저 생각했다. 하지만 스마트폰 열풍이 불면서 ICT는 언제 어디서나 들고 다니면서 정보를 검색하고, 길을 찾고, 주위의 음식점과 관광지를 찾고, 스포츠 중계를 볼 수 있게 되었다. 이제 ICT는 한 걸음 더 나아가서 수많은 분야의 다양한 제품과 결합되고 있다. 자동차는 이미 ICT 기술을 활용해서 사람이 운전대를 잡을 필요가 없는 자율주행을 향해 나아가고 있고, 일부 지하철과 경전철을 비롯한 열차는 기관사 없는 무인주행이 이루어지고 있다. 가정은 스마트홈으로 진화되어 바깥에서도 집 안의 전등이나 에어컨, 보일러를 켜고 끄거나 가전제품을 조작하는 것도 가능해졌다. 심지어 이전에는 ICT와 접목될 것이라고 상상하기 힘든 제품들이 네트워크와 연결되고 있다.

그 대표적인 예가 의류다. 나이키는 신발에 센서와 통신 기능을 집어넣어서 몇 걸음을 걸었는지, 얼마나 빨리 뛰었는지, 얼마나 열량을 소비했는지와 같은 정보를 인터넷으로 전송해서 운동 정보를 관리할 수 있도록 했다. 하지만 최근에는 아예 의류를 만드는 섬유 자체에 특수한 기능을 넣는 기술도 개발되고 있다. 옷을 입으면 각 부위의 체온과 맥박수를 비롯한 각종 생체 정보들을 섬유가 인식해서 데이터화하고, 이를 감지한 아주 작은 전자회로는 네트워크로 인터넷에 정보를 보낸다. 그러면 운동 및 건강 정보를 더욱 정확하고 자세하게 파악할 수 있게 된다.

최근 들어서 ICT의 화두로 떠오르고 있는 개념은 사물인터넷이다. 모든 사물이 센서와 같은 전자 장치를 통해서 주변의 환경과 변화를 인식하고 이를 데이터로 만든 후, 인터넷으로 연결하고 서로 정보를 주고받으면서 기능을 하는 것이다. 이전에도 물론 스마트 TV, 스마트 냉장고와 같은 제품들이 가전제품과 ICT 기술의 접목을 통해서 그 기능을 확장시켰지만 사물인터넷은 전자제품을 넘어 우리가 세상에서 만날 수 있는 모든 사물이 인터넷을 통해 네트워크로 사람과 연결되거나 사물과 사물이 연결되는 것을 뜻한다.

여기에서 한 단계 더 나아가 사람이 개입하지 않아도 사물끼리 능동적으로 데이터를 주고받고 기능을 수행하는 만물인터넷Internet of Everything 개념도 각광을 받고 있다. 자동차의 자율주행을 예로 들어보자. 사람이 운전대를 잡지 않아도 목적지만 입력하면 알아서 내비게이션 시스템이 중앙 서버에 접속한다. 그러면 교통 상황에 따라서 가장 빨리 갈 수 있는 경로를 찾고 그 경로에 따라서 자동으로 자동차를 조종한다. 사물인터넷의 좋은 사례이자 사람의 개입이 별로 없이 사물끼리 정보를 주고받으면서 기능을 한다는 면에서 만물인터넷의 예이기도 하다. 여기서 한 발 더 나아가보자. 내일 해외여행을 떠나기로 되어 있어서 미리 인터넷 일정관리에 여행 일정을 입력해놓았다면 다음 날 적절한 시간에 스마트워치가 알람을 울려 잠을 깨우고 침대에서 일어나 채비를 마친 후 자동차에 올라타면 목적지조차 입력할 필요 없이 자동차가 알아서 공항까지 갈 수 있다. 일정 입력 한 번으로 여러 가지 기기들이 서로 정보를 주고받으면서 능동적으로 기능을 수행하는 것이다.

스마트홈 시스템도 더욱 발전할 수 있다. 만물인터넷 기술이 발전하면 외출을 했다가 들어갈 때 스마트폰으로 보일러를 켤 필요조차 없다. 스마트폰의 내 위치 정보가 스마트홈 시스템에 전송되면 시스템은 내가 20분쯤 후면 집에 돌아올 것으로 예상한다. 그리고 인터넷으로 받은 기상 정보를 보고 냉방이나 난방을 가동해서 알아서 실내를 쾌적한 온도로 맞춰놓는다. 집에 돌아오면 집 안은 적당한 온도로 이미 맞춰져 있을 것이다. 반대로 집 밖 일정한 거리 이상으로 벗어나 있으면 돌아오는 데 시간이 걸릴 것으로 판단해서 알아서 냉난방을 끄고 보안 기능을 작동시킬 수도 있다. 이와 같이 인간이 개입하지 않고도 사물들끼리 지능적으로 정보를 주고받으면서 스스로 최적의 기능을 하는 것을 만물인터넷이라고 부른다.

그보다도 한 단계 더 나아간 만물지능인터넷IIoE, Intelligent IoE이라는

스마트홈 시스템은 스마트폰의 위치 정보가 시스템에 전송되어 집 안의 냉난방을 자동으로 가동하기도 한다.

개념도 있다. 인공지능 기술은 이미 무서운 속도로 발전하고 있다는 것을 우리는 알파고 대국을 통해서 목격했다. 만물인터넷과 충분한 수준의 인공지능이 결합되면 예전에는 사람만이 내릴 수 있을 것으로 생각했던 중요한 판단이나 의사결정조차도 인공지능이 대신하고 인터넷에 연결된 사물들이 저마다 능동적으로 기능을 수행하는 데까지 이를 수 있다.

또한 단순히 나와 내 주위의 사물 정도로 기능이 그치지 않고 도시 전체, 국가 전체의 사물을 연결시켜서 전체가 능동적으로 움직이는 세상을 구현할 수도 있다. 예를 들어 차를 가지고 집을 나서면 내가 목적지에 도착할 예상 시간을 보고 그 시간에 목적지 주위에 비어 있는 주차장을 파악해서 미리 예약을 걸어놓는다. 주차 걱정을 할 필요가 없는 것이다. 실제로 스페인 바르셀로나에서는 도시 전체에 스마트 주차 기능을 운영하고 있다. 주차장의 아스팔트 바닥에 심어놓은 센서는 주차 공간에 차가 있는지 없는지를 감지하고, 주변에 설치되어 있는 와이파이 가로등에 신호를 보낸다. 그러면 데이터 센터는 시시각각으로 주차 상황을 파악하고 스마트폰 애플리케이션을 통해 지도 위에 지금 어느 곳에 몇 대를 주차할 수 있는지를 알려준다. 주차할 곳을 찾느라 헤매는 시간을 대폭 줄여주는 것이다. 이미 도시를 조성하고 계획하는 단계에서부터 기반 시설에 센서와 네트워크를 거미줄처럼 깔아서 도시 전체가 사물인터넷으로 기능하는 스마트 시티의 방향으로 나아가고 있다.

한국의 도시들도 스마트 시티로 나아가기 위한 사업을 추진해 나가고 있다. 우리가 사용하는 여러 가지 모바일 앱들은 공공정부가 제공하는 정보들을 바탕으로 만들어진 것들이 많다. 우리가 가장 쉽게 만날 수 있는 사례라면 버스 도착 안내 앱일 것이다. 우리나라의 거의 모든 도시에서 스마트폰으로 시내버스 도착 정보를 실시간으로 알 수 있고, 더 나아가서는 대중교통 내비게이션 앱으로 목적지까지 대중교통으로 가는 방법은 말할 것도 없고 내가 타고 있는 버스나 지하철에서 내릴 곳이 다가오면 알람을 올려서 내릴 곳을 지나치지 않도록 하는 기능도 제공된다. 이러한 앱들은 각 지방정부에서 제공하고 있는 GPS 기반 실시간 버스 위치 정보를 기반으로 한다. 이와 같이 공공정부에서 실시간 데이터를 제공하면 기업이나 개인 개발자는 이를 분석하고 가공해서 대중들에게 가치 있는 기능을 제공함으로써 생활 편의를 극대화할 수 있다.

더 나아가 인천 경제자유구역에서는 스마트 시티가 추진되고 있다. 송도는 가장 모범적인 사례로 손꼽힌다. 치안, 환경, 시설물 상태들이 도시 안에 촘촘하게 설치된 CCTV와 센서를 통해 실시간으로 전달되어 그에 따라 필요한 조치들이 이루어질 수 있다. 즉 사람이 일일이 돌아다니면서 점검을 해야만 문제를 발견할 수 있는 게 아니라, 문제가 있는 시설물이 직접 신호를 보내서 문제를 해결하도록 요청할 수 있다. 송도를 드나드는 모든 차량은 실시간으로 체크되고 각 구간의 교통 흐름에 따라서 신호 체계가 탄력적으로 운영된다. 송도 스마트 시티는 세계적으로도 첨단 스마트 시티의 모범사례로 여겨진다. 세계적인 통신장비업체인 에릭슨은 2014년, 세계의 기존 도시들이 스마트화 과정에서 참고해야 할 도시로 인천 송도를 꼽았다. 2012년 에콰도르는 야차이 지식기반도시 개발사업을 위해 송도의 스마트 시티 개발 모델을 971만 달러^{약 102억 원}에 수입하기도 했다.

이와 같이 세상의 모든 만물이 연결하고 소통되는 세상을 초연결사회라고 부른다. 흔히 'IT 기기'라고 부르는 것들만이 연결되는 것이 아니라 그야말로 지구와 인류 문명의 모든 요소가 네트워크로 연결되는 것이다. 한국전자통신연구원^{ETRI}에 따르면 2013년을 기준으로 전 세계에서 약 100억~150억 개의 사물이 인터넷에 연결되어 있고, 2020년에는 200억~700억 개의 사물이 네트워크로 묶일 것

세계적인 통신장비업체 에릭슨은 세계의 도시들이 스마트화 과정에서 참고해야 할 도시로 인천 송도를 꼽았다.

으로 전망했다.

이미 초연결사회는 단순히 ICT의 문제만이 아닌 세계 사회 전체의 화두다. 2014년 1월 스위스 다보스에서 열린 세계경제포럼WEF은 수직적 의사결정 구조의 수평화, 지구촌 의사결정 과정의 변화와 함께 초연결사회를 3대 핵심 주제로 삼았다. 또한 세계적 경영전략가인 돈 탭스콧은 세계경제포럼 강연에서 초연결사회의 키워드를 '개방'으로 정의하고 협업, 투명성, 지적재산 공유, 자유를 초연결사회 개방의 4대 원칙으로 내놓았다. 2016년 1월에도 WEF의 화두였던 '4차 산업혁명'의 핵심으로 지적된 것은 초연결사회였다. 초연결사회가 가져올 부작용을 걱정하는 목소리도 만만치 않지만 이미 거스를 수 없는 대세가 되어가고 있다. 물론 이에 따른 관련 산업도 빠르게 성장해가고 있다. 2013년 2,000억 달러 수준인 사물인터넷 시장 규모는 2020년까지 1조 2,000억 달러까지 성장할 것으로 예상되고 있으며, 국내 시장도 2013년 2.3조 원 규모에서 2020년에는 17.1조 원 규모로까지 커질 것으로 내다보고 있다.

전 세계 최고 수준의 ICT 강국인 한국 역시 초연결사회의 거대한 물결 앞에서 가장 빠르게 그 파도를 타고 있다. IT 시장 분석 및 컨설팅 기관인 인터넷데이터센터IDC는 2013년 12개 주요 지표를 바탕으로 G20 국가들이 사물인터넷 실행을 위해 어느 정도로 준비되어 있는지를 산출한 사물인터넷 준비 지수를 발표했다. 여기서 한국은 미국에 이어 2위를 차지했고 일본, 영국, 중국이 그 뒤를 이었다. 이미 한국은 전국 구석구석까지 초고속 유선 및 무선 통신망이 깔려 있고 스마트폰의 활용도도 짧은 기간 동안 폭발적으로 성장했다. 사물인터넷과 초연결사회를 위한 기반이 잘 갖춰져 있는 것이다.

민간뿐만 아니라 정부 차원에서도 다가오는 사물인터넷IoT과 초연결사회의 시대를 주목하고 정부 차원의 장기계획을 수립했다. 2014년에 발표된 사물인터넷 기본계획이 그 대표적인 예다. 아직까지 IoT 기술은 많은 부분이 초기 단계, 또는 본격적인 발전 단계에 접어들고 있고, 그 주도권을 잡기 위한 국가와 기업 간의 경쟁이 치열하게 벌어지고 있다. 우리가 잘 알고 있는 구글, 애플, 페이스북과 같은 거대 인터넷 기업들은 자동차 자율주행, 인공지능, 세계적인 인터넷망 구축과 같이 IoT와 초연결사회 구축을 위해서 과감한 투자를 하고 있다. 이러한 상황에서 경쟁력을 갖추기 위해서는 기업은 말할 것도 없고 정부 차원의 투자는 필수다.

사물인터넷 기본계획은 세계경제포럼에서 초연결사회의 키워드로 제시한 '개방' 그리고 이를 위한 4대 원칙인 협업, 투명성, 지적재산 공유, 자유를 적극 수용하고 있다. 기본계획의 추진 전략으로는 글로벌 산업계와 대기업, 통신사가 협력해서 개방형 플랫폼을 개발하는 방안이 제시되고 있다. 즉 장벽 없이 창의적이고 혁신적인 아이디어를 가진 개인이나 기업에게 IoT의 플랫폼이 열려 있는 것이다. 이를 통해 각 주체들은 서로 폐쇄된 자기만의 기술에 갇히는 것이 아닌, 개방된 환경 속에서 협업과 지적재산의 공유를 통해 시너지 효과를 낼 수 있다.

또한 대기업과 중소기업, 스타트업 기업이 서로 상생하면서 성장할 수 있도록 각 성장단계에 따른 지원을 하는 것도 사물인터넷 기본계획의 주요한 추진 전략이다. 대규모 투자와 제조가 필요한 자동차, 가전과 같은 분야는 대기업이 적합하겠지만 작은 제품이나 창의적이고 혁신적인 아이디어는 중소기업이나 스타트업이 더욱 적합할 것이다. 따라서 스타트업 창업을 활성화시키고 이들이 성장단계를 거쳐 IoT 생태계를 주도하는 한 축이 될 수 있도록 정부 차원에서 지원해야 한다.

즉 개인은 창의적이고 혁신적인 아이디어를 내놓고 이를 제품으로 만들 수 있도록 지원하며, 사용자가 단순한 소비자에 그치지 않고 참여를 통해 IoT 산업의 한 축이 될 수 있도록 돕는다. 또한 산업은 세계경제포럼에서 화두로 제시되었던 초연결사회의 키워드인 '개방'에 초점을 두고 개방형 IoT 플랫폼을 만들고 세계적인 파트너십을 확보함으로써 국제적인 IoT 경쟁에서 주도적인 위치를 확보한다. 마지막으로 공공부분은 민간과 공공이 협력하고 개방된 혁신을 이룰 수 있도록 도모하고 개방된 혁신을 이루는 것이 사물인터넷 기본계획의 골자다.

사물인터넷과 초연결사회의 또 다른 화두는 보안 문제다. 이미 우리나라는 잇따른 해킹과 정보 유출 사고로 여러 차례 몸살을 앓아왔지만 초연결사회의 보안 사고는 우리가 이전에는 경험해보지 못했던 일들을 낳을 수 있고, 그 때문에 초연결사회나 사물인터넷에 불안감이나 반감을 느끼게 하는 원인이 될 수 있다. 예를 들어 자율주행차가 해킹을 당해서 제멋대로 움직인다면 큰 사고를 일으키거나 테러에 악용될 수도 있다. 자칫 사물인터넷으로 연결된 각종 기기들이 사람을 공격하는 무기로 돌변할 가능성도 있다. 사이버 테러, 사이버 전쟁과 같은 용어가 더 이상 낯설지 않은 지금, 보안은 ICT의 발전을 위해 선택이 아닌 필수다.

특히 짧은 시간에 빠르게 발전하는 과정에서 상대적으로 정보 보안에는 소홀했다는 지적을 받는 한국의 ICT 업계, 그리고 정부에서도 이러한 문제를 인식하고 정보 보호와 사이버 보안의 수준을 향상시키기 위한 계획을 추진하고 있다. 가장 최근의 정부 주도 ICT 계획으로 2013년부터 시작된 제5차 국가정보화 기본계획에서도 보안 문제의 중요성을 강조하고 있다. 지능화되는 사이버 위협에 대비해서 정보보호의 예방과 대응능력을 강화하고 정보보호 분야 전문가를 육성하는 사업들을 통해 사이버 안전국가의 기반을 넓히는 것이 제5차 국가정보화 기본계획의 주요한 과제 중 하나로 제시되고 있다.

사물인터넷 기본계획에도 기획단계에서부터 사물인터넷 제품에 보안 기능을 내장함으로써 역동성과 안전성을 구현할 수 있도록 정부와 민간이 함께 협력하는 계획을 세우고 있다. 편리하면서도 안전하게 초연결사회를 누리는 시대를 향해 전 세계가 뛰고 있는 지금, ICT 강국 코리아도 다가오는 시대의 글로벌 주도권을 위해 선두권에서 치열한 경쟁을 벌이고 있다.

66

ICT 산업의 글로벌 경쟁은 점점 더
치열해지고 있습니다. 한국의 ICT는
계속해서 발전하고 있지만 그것에만
의존할 수 없습니다. 글로벌 시장으로 발을
더 넓혀야 합니다. 앞으로 유망한
ICT 산업에는 정보 보안, 인공지능,
3D 프린팅, 로봇 기술, 가상현실,
사물인터넷, 스마트 파워그리드와 같은
영역들이 있습니다. 한국은 이미 대부분의
분야에서 상당한 수준에 이르렀고
시장을 선도하고 있습니다.

99

린 일란 Lynn Ilon

서울대학교 사범대학 교육학과 교수

린 일란 교수는 미국 하와이 태생으로 하와이대학교에서 인류학을 공부하고 뉴욕주립대학교 대학원에서 교육심리학 석사 학위를 받은 후, 플로리다주립대학교 대학원에서 경제학 석사와 국제개발 교육학 박사 학위를 받았다. 일란 교수는 국제화가 교육에 미치는 영향, 특히 국제경제가 제3세계 교육에 미치는 영향에 관한 연구가 전문 영역이며, 이러한 전문성을 바탕으로 주로 저개발국가에서 많은 활동을 펼쳐왔다.

30년 이상 학계와 현장 활동을 병행해온 일란 교수는 고국인 미국뿐 아니라 전 세계 20여 개국 이상에서 활동했다. 미크로네시아대학교와 짐바브웨대학교, 뉴욕의 버팔로대학교, 위스콘신-매디슨대학교 교수를 역임한 후 플로리다국제대학교 국제학 학부장을 거쳐 2009년부터 지금까지 서울대학교 사범대학 교육학과 교수로 재직하고 있다. 특히 서울대학교의 외국인 교수로는 두 번째, 외국인 여성 교수로는 처음으로 정년 보장을 받아 화제가 되었다.

글로벌한 관점에서
세계와 소통하는 안목을 키우다

Science & Technology in Korea

한국인은 '우리'가 무엇을 '함께' 할 수 있을지를 중요하게 생각하며 공동으로 아이디어를 구축하는 일을 좋아합니다. 한국에서 제 수업을 듣는 학생들이 대체로 그런 것을 보면 한국의 역사와 문화를 통해 자연스럽게 이어지는 성향인 것 같습니다. 서양이나 한국이나 똑같은 소셜 네트워크 플랫폼을 사용하면서도 활용하는 방법은 정말 다릅니다. 이 차이점에 흥미를 느끼고 연구할 가치가 있다고 생각했습니다.

그동안 많은 나라에서 활동을 하셨고, 국제기구와 국제 또는 지역 단위 비정부기구에서도 활발하게 활동하신 것으로 알고 있습니다. 언제, 어떤 계기로 한국에 관심을 가지게 되었고, 한국에서 교수직을 맡기로 결심하셨는지요?

저는 하와이에서 태어나고 성장했습니다. 하와이에는 많은 소수민족들, 특히 아시아계 사람들이 많이 살고 있었고, 그런 환경 속에서 자란 제게 아시아는 낯선 곳이 아니었습니다. 언젠가는 좀 더 국제적인 사고를 가진 동료들과 함께 일할 수 있는 곳으로 가야겠다는 생각을 해왔습니다.

  당시는 지식과 경제에 관한 연구를 시작하는 사람들이 늘어나는 분위기였고 그에 따라 사람들이 지식과 교육, 과학기술을 결합할 방식을 모색할 것이라고 보았습니다. 또한 이러한 영역의 주도권은 서양에서 동양 쪽으로 옮겨갈 것이라는 예상도 했습니다. 이미 저는 플로리다국제대학교에서 테뉴어Tenure, 다시 말해 정년 보장을 받은 상태였기 때문에 굳이 불확실한 미래를 선택할 필요 없이 지금까지 일해 온 그대로 앞으로도 일하는 게 편한 선택이었겠지만 결국 '이제 다른 곳으로 옮길 때가 되지 않았나?' 하고 스스로에게 물어보게 되었습니다.

그러던 중에 이곳 서울대학교에서 연락이 왔습니다. 교육학과에서 새로운 변화를 계획하고 있고 그 일환으로 외국인 교수를 초빙하려 한다는 것입니다.

여러 나라의 대학교에서도 활동을 해봤기 때문에 서울대학교 정도의 명성을 가진 곳이라면 제가 원하는 것들은 다 있을 것이라고 생각했습니다. 도서관이나 시설도 좋을 것이고, 당연히 좋은 두뇌와 연구 기술을 가진 동료 교수진들, 그리고 최고 수준의 학생들이 있을 것입니다. 지원도 좋을 것이고요. 그 정도의 명성이 있는 학교라면 여건이나 환경은 물어보나마나일 것입니다. 다만 한국이란 나라가 살기에는 어떤지, 한국인의 성격은 어떤지가 관건이었습니다.

한국을 방문했을 때 저녁식사 자리에 초대를 받았고 그곳에서 한국의 교육학자들과 정말로 많이 웃으면서 즐거운 시간을 보냈습니다. 한국인은 즐겁고 유쾌한 사람들이라는 것을 직접 경험할 수 있었습니다.

아시아에서 많은 좋은 것들을 배울 수 있었고, 이곳에 오면 아시아에서, 어쩌면 세계에서 가장 똑똑한 사람들과 함께할 수 있을 것

같다는 생각이 들었습니다. 그리고 제 생각은 늘 세계를 향해 열려 있지요. 그래서 '좋아, 한국으로 가자' 하고 결론을 내렸습니다.

저는 모험과 도전을 즐기는 편입니다. 업무 환경도 어려움이 있 겠지만 불가능하지는 않을 것이라고 생각했습니다. 모험과 도전을 통해서 한국에서 뭔가를 배울 수 있을 것이라고 생각했기 때문입니 다. 몸담고 있던 미국의 대학교에서는 편안하고 안전했지만 그 환 경 안에서는 배울 것은 많지 않았습니다. 나로서는 한국에서 겪게 될 모험과 도전이 환영할 만했습니다.

—　　교수님의 주요 연구 분야인 교육경제학이라는 학문을 낯설게 생각하
　　거나 무엇을 하는 학문이지 궁금해하는 분들이 많으실 것 같습니다.
　　어떤 학문인가요?

처음에 관심을 가지고 공부했던 학문은 인류학이었습니다. 많은 소 수민족이 살고 있는 하와이에서 자라면서 다양한 문화가 어울려 있 는 모습이 좋았고 그러한 문화적 차이에 흥미를 가지게 되었습니 다. 그러다가 교육에도 관심을 갖게 되었지요. 문화에서 교육은 무 척 중요하기 때문입니다. 교육은 문화를 도울 수도, 해칠 수도 있습 니다. 교육을 통해 문화가 후대로 계승될 수도 있지만 교육 때문에 문화가 사라질 수도 있습니다. 공용어를 교육시키면서 소수 토착 언어가 사라진다든가, 교육 때문에 자신의 문화를 미개하거나 나쁘 게 보고 다른 문화가 더 좋다고 여길 수도 있습니다. 그래서 석사과 정에서는 교육학을 전공했습니다.

그 이후에 현장 경험을 통해서 깨닫게 된 사실이 있습니다. 가난한 나라에서는 인류학자나 교육학자의 말은 잘 안 듣는데, 경제학자의 말은 귀 기울여 듣더군요! 그래서 박사과정에서는 국제교육학과 경제학을 같이 전공했습니다. 그때 알게 된 사실인데, 세상을 바라보는 관점이 너무나 다르다 보니 교육학자와 경제학자는 서로 싫어하더군요. 하지만 저는 도전을 좋아했고, 그래서 두 가지를 어떻게 조화시킬 수 있을지를 고민했습니다. 그 덕분에 여러 나라에서 교육에 관련된 계획을 세우는 일을 할 기회를 얻게 되었습니다. 예를 들어 방글라데시에서는 중등교육 과정의 계획을 수립하는 작업에 참여했습니다.

그런데 이곳에서 보니 한국에서는 새로운 방향의 지식기반경제가 성장하고 있었고 그게 제 관심을 끌었습니다. 그리고 한국의 지식기반경제를 저개발국가에 적용하고 싶어졌습니다. 학교에서 저를 채용한 이유 중에 하나도 저개발국가의 교육에 관한 문제였습니다. 당시 한국은 OECD에 가입한 지 얼마 안 된 나라였고, 따라서 개발원조에 관한 경험이나 전문성이 많지 않은 편이었습니다. 그동안 저는 저개발국가의 교육에 관한 많은 경험을 가지고 있었고, 지식기반경제의 개념을 저개발국가에 적용할 방법에 관해 연구해왔습니다. 지금 이곳에서 가르치고 있는 주제 중에 하나가 그와 같은 문제입니다.

떠오르고 있는 지식기반경제,
그리고 대한민국

정보화는 우리 사회의 구석구석을 바꾸고 있으며, 경제 역시 예외일 수는 없다. 기존의 경제는 물질의 생산을 기본으로 했다. 유형의 자본과 자원을 가지고 유형의 상품을 생산하는 것이 경제의 근간이었다. 산업혁명으로 대량생산 시대가 열린 후, 수백 년 동안 이러한 유형의 경제가 세계를 지탱해왔다.

그러나 정보화 시대가 가속화되면서 이제는 무형의 자산, 무형의 자본, 그리고 무형의 상품이 가진 가치가 점점 높아지고 있다. 1990년대부터 등장하기 시작한 지식기반경제, 또는 지식기반사회라는 용어는 이러한 시대의 시작을 반영했다. 그동안 디지털경제, 무중량경제, 무형경제와 같은 다양한 용어들이 등장했지만 1996년 경제개발협력기구 OECD는 보고서를 통해 지식기반경제 knowledge based economy라는 용어를 채택함으로써 이 용어가 널리 쓰이게 되었다.

그렇다면 지식이란 무엇일까? 왜 정보화 사회라는 말이 있는데도 '정보' 대신 비슷하게 보이는 '지식'이라는 용어를 사용한 지식기반경제라는 말을 사용하는 것일까? 이를 위해서는 데이터와 정보라는 개념을 다시 생각해볼 필요가 있다.

먼저 데이터data란 세상에 존재하는 사실이라고 말할 수 있다. 그리고 정보information란 이러한 데이터를 가공한 결과물이라고 볼 수 있다. 예를 들어 어떤 사람이 존재한다고 가정하면 키는 180cm, 몸무게는 75kg, 혈액형은 A⁺와 같은 데이터가 있을 것이다. 이러한 '사실적 현상'은 수치 또는 혈액형 분류와 같은 형식으로 표현되지 않더라도 세상에 존재한다. 정보는 이러한 데이터를 우리가 알아보기 쉽게 가공한 것이다. 데이터를 정보로 가공함으로써 좀 더 의미 있게 활용할 수 있다. 예를 들어 사람이 눈앞에 없어도 수치 정보를 비교하면 누가 더 키가 큰지, 누가 더 덩치가 큰지를 짐작할 수 있다.

데이터를 정보로 가공하기 위해서는 수치나 문자, 기호를 사용할 수도 있고, 사진이나 동영상을 활용할 수도 있다. 정보는 입에서 입으로 전달되거나, 책을 통해서 전달되거나, 메모리 카드 또는 네트워크와 같은 수단을 통해서 전달될 수 있다.

이제 남은 것은 지식knowledge이다. 지식은 정보를 의미 있고 유용한 형태로 다듬고 가공한 것이다. 지식은 학습과 경험을 바탕으로 더 높은 차원의 의미를 발견하게 한다. 예를 들어 키의 정보만으로도 누가 더 키가 큰지를 파악하는 것은 쉽다. 하지만 혈액형은 어떤가? 혈액형이 A인 사람과 B인 사람, 또는 AB인 사람과 O인 사람 사이에는 어떤 차이가 있는가? 혈액형이 다르다는 것은 알고 있지

지식을 통해 정보는 그 의미와 가치를 얻게 되며 새로운 정보가 발견되기도 한다.

만 그게 무슨 의미가 있다는 것인지 정보만으로는 알기 어렵다. 여기에서 지식이 필요하다.

사람들은 학습과 경험을 통해서 혈액형이 A인 사람과 B인 사람은 서로 피를 주고받을 수 없다는 '지식'을 발견한다. 또한 혈액형이 AB인 사람은 다른 혈액형에게 피를 줄 수는 없지만 누구에게든 받을 수는 있으며, 반대로 O형인 사람은 아무에게서도 피를 받을 수는 없지만 누구에게나 피를 줄 수는 있다. 지식을 통해서 혈액형이라는 정보는 비로소 그 의미와 가치를 얻게 된다. 반대로 지식을 통해서 새로운 정보가 발견되기도 한다. 예를 들어 RH 혈액형에 관한 지식을 모르던 때에는 사람의 혈액형과 관련된 정보에는 ABO식 혈액형만 있었다. 하지만 이제는 $RH^{+/-}$ 혈액형에 관한 지식이 생겼고 혈액형 정보에 새로이 추가되었다. 사람이 알고 있든 모르든 관계없이 사람에게 이러한 혈액형이 있다는 '사실', 즉 데이터는 인류 역사와 함께 내려왔지만 지식이 있어야만 그 의미를 얻게 된다.

OECD에서는 지식을 Know-what, Know-why, Know-how, Know-who로 체계화하고 있다.

Know-what '무엇'을 아는 것으로 사실에 관한 지식이다. 서울의 인구는 몇 명인가? 김치의 재료는 무엇인가? 즉 Know-what은 정보에 가깝다.

Know-why '왜'를 아는 것으로 자연의 원리나 법칙을 아는 것이다. 사과를 손에 들고 있다가 놓으면 바닥으로 떨어진다는 '사실'은 Know-what에 해당한다면, 이것이 만유인력의 법칙 때문이라는 것은 Know-why에 해당된다. 즉 주로 과학적인 지식이 여기에 해당된다.

Know-how '어떻게'를 아는 것이다. '노하우'는 우리에게도 낯익은 용어다. 이는 어떤 일을 할 수 있는 기술과 능력을 뜻한다. 기술자가 원료를 가공하기 위해서 도구를 사용하는 방법, 공장 관리자가 제품 생산을 위해서 작업 공정을 설정하고 각 공정에 필요한 기술자를 배치하며 교육시키는 것도 노하우에 속한다.

Know-who '누구'를 아는 것이다. 어떤 면에서 보면 위의 세 가지의 상위에 있는 개념이고, 그 중요성이 날로 커지고 있다. 어떤 일을 하기 위한 지식을 한 사람이 모두 가지고 있는 것은 점점 불가능해지고 있다. 따라서 나에게 필요한 Know-why나 Know-how를 알고 있는 사람을 찾아내고, 이 사람들과 적절한 사회적 네트워크를 형성함으로써 일을 이루기 위한 조직을 편성하는 능력을 뜻한다.

지식 자산은 기존의 물질 자산과 비교해서 여러 가지 차이점을 가지고 있다. 첫째로 지식은 소비한다고 해서 마모되거나 없어지지 않는다. 하지만 새로운 지식이 나타나면 빠르게 그 가치를 잃을 수 있다. 예를 들어, 어떤 질병에 대한 치료법이 널리 쓰이고 있지만 더 효과가 좋고 간편한 치료법이 개발되면 기존 치료법은 의료계에서 빠르게 퇴출될 것이다.

또한 지식은 데이터나 정보를 기반으로 한다. 데이터나 정보는 세상에 풍부하게 존재한다. 그리고 갈수록 그 양이 많아지고 있다. 그것이 오히려 문제가 되는 시대가 되어가고 있다. 빅 데이터, 정보의 홍수라는 말처럼 양으로는 많아지고 있지만 이것을 잘 분석하고 가공하는 과정을 통해서 데이터에서 의미 있는 정보를 뽑아내고, 그 정보를 가지고 다시 유용한 지식을 만들어내는 과정이 점점 더 어려워지는 것이다. 그 이유는 '노이즈noise' 때문이다.

예를 들어 1만 개의 데이터가 있지만 그중에서 내가 하는 일에 의미를 보태는, 즉 정보 가치가 있는 데이터는 10개뿐이라고 가정해보자. 나머지 9,990개는 노이즈에 불과하다. 그런데 100만 개의 데이터가 있고 그중 정보 가치가 있는 데이터는 100개라면? 앞의 것에 비해서 정보의 양은 10배가 늘어났지만 이를 얻기 위해서는 999,900개의 노이즈 속을 헤엄쳐야 한다. 노이즈의 양이 100배 이상으로 늘어난 것이다.

지금 시대에 빅 데이터 기술이 각광 받는 이유도 여기에 있다. 과거와는 비교할 수 없이 많은 양의 데이터가 쏟아지고 있다. 글자뿐만 아니라 음악, 사진, 동영상과 같은 다양한 형태의 데이터가 넘쳐난다. 그 홍수 속에서 노이즈를 털어내고 의미 있고 필요한 정보를 어떻게 뽑아낼 것인가가 관건이다. 백사장에서 바늘 찾기라는 말이 결코 과장이 아니다. 한 단계 더 나아가서 양적으로 엄청나게 늘어나는 정보를 조직화하고 연관성을 찾아내어 유용하고 가치 있는 지식으로 만들어내기가 더 어려워지고 있다. 따라서 이러한 능력을 가진 전문가들의 가치는 더 올라갈 수밖에 없다. 즉 Know-who가 중요한 것이다.

그렇다면 지식기반경제란 어떤 의미를 지니고 있을까? 이는 유형의 물질이 생산과 소비의 중심이었던 시대에서 무형의 지식이 생산과 소비의 중심이자 가치 창출의 기반이 되어가고 있다는 것을 뜻한다. 지식기반경제가 현대 경제의 중심으로 떠오르는 이유는 정보화가 가져온 사회의 주요한 변화 때문이다.

첫째, 산업의 중심이 제조업에서 서비스업으로 옮겨가고 있다. 선진국에서는 이미 제조업보다 서비스업의 규모가 더욱 커졌다. 이러한 서비스업에서는 물질보다 지식의 가치가 중요한 분야가 많다. 대표적인 예가 금융투자일 것이다. 예를 들어 주식에 투자를 해서 수익을 내기 위해서는 경제의 흐름 또는 산업 분야나 개별 회사의 흐름을 예측하고 가치가 오를 것으로 보이는 회사의 주식을 사야 한다. 이를 위해서 가장 필요한 것은 정보, 그리고 그 정보를 분석해서 미래의 흐름을 예측하는 지식이다.

빅 데이터는 의미 있고 필요한 정보를 뽑아내는 데 큰 역할을 하고 있다.

둘째, 탈집중화다. 과거에는 생산의 효율화를 위해 한 공장에 사람과 시설을 모아놓고 제품을 생산하는 것을 당연하게 여겼다. 하지만 지금은 많은 생산시설을 세계 각지에 분산해서 설치하고 있다. 하나의 제품을 만들기 위해 여러 나라에 분산된 공장에서 부품을 만들고 최종 조립만 한곳에서 하는 방식이 일반화되어 있다. 회의를 하고 협상을 하기 위해서 한자리에 모여야 할 필요성도 줄어들고 있다. 이제는 이메일이나 메신저, 화상통화와 같은 통신 수단으로 의견을 주고받고 협상하는 일이 중요한 비즈니스가 되었다.

탈집중화 시대에 선진국에서는 직접 제조를 하는 사람보다 제조에 필요한 지식을 아는 사람, 즉 지식노동자가 더욱 중요하다. 선진국에서는 제품을 설계하고 제조 공정을 개발한 후, 실제 생산은 중국이나 동남아시아의 공장에서 진행하는 식의 분산이 일반화되어 있기 때문이다. 따라서 제품 개발에 필요한 과학자와 기술자, 제조에 필요한 노동자를 구해서 훈련시키고 관리할 경영관리자와 같은 여러 전문가가 필요하다.

셋째, 모든 산업에서 지식을 통한 부가가치 창출은 그 중요성이 더욱 높아지고 있다. 정보통신과 생명공학, 우주과학을 비롯하여 고도의 지식을 필요로 하는 첨단과학 산업이 차지하는 비중이 점점 커지고 있다. 또한 금융투자나 유통, 배달과 같은 전통적인 서비스업에도 인공지능, 로봇, 드론과 같은 첨단기술들이 결합되고 있다. 첨단기술이 가져오는 혁신은 분야를 가리지 않고 산업 전반으로 퍼지고 있다.

한편 대량생산의 시대에서 다양성의 시대로 변화하는 추세 역시 지식이 창출하는 부가가치를 높이고 있다. 과거에는 값싸게 대량으로 생산하는 것이 최고의 경쟁력이었다. 사람들은 필요한 것을 가지기 위한 여력이 부족했고 따라서 값싼 물건을 찾았다. 이제 경제가 발달하고 사람들의 경제력이 풍족해지면서 필요한 것은 충분히 가지고도 남을 정도로 여력이 생겼고, 이제는 그 여력을 양보다 질의 문제에서 찾으려 한다. 또한 과거에는 물건을 사는 것이 필요한 기능을 충족하기 위해서였다면, 이제는 기능 말고도 아름다움에 대한 욕구, 자기의 신분이나 개성을 표현하기 위한 욕구와 같은 다양한 이유로 상품을 선택한다. 이제는 생산량이 적더라도 부가가치가 높고 사람들의 개성과 욕구를 충족시키는 다양한 상품을 만드는 것이 경쟁력인 시대다.

이러한 추세에 따라 전통적인 산업도 지식기반으로 재편되고 있다. 우리가 가난했던 시절에는 쌀의 생산량이 부족하니 쌀값이 비싸서 배고픔에 허덕이는 사람이 많았다. 따라서 쌀의 생산량이 최대한 많이 나오는 품종을 길러 많은 양을 값싸게 공급하는 게 관건이었다. 그러나 쌀의 생산이 충분한 지금 사람들은 밥의 맛이나 영양에 관심을 갖는다. 더 나아가서는 농약이나 화학비료를 쓰지 않는 유기농 친환경 쌀을 찾는 사람들도 늘고 있다. 더 맛이 있고 영양가 있는 품종을 개발하고Know-why, 유기농으로 농사를 짓기 위한 다양한 방법이 개발되는 것Know-how은 농업도 지식기반산업으로 진화하고 있다는 뜻으로 해석할 수 있다.

상품의 부가가치를 높이기 위해서는 지식을 고도화해야 하는 것은 당연하지만 이는 단지 생산자만의 문제가 아니다. 부가가치를 인정받기 위해서는 소비자의 지식도 고도화되어야 한다. 소비자의 욕구가 더욱 세련되고 지식이 많아질수록 그만큼 상품에 대한 욕구가 다양해지고 부가가치를 높일 기회도 많아지기 때문이다. 예를 들어, 과거에는 커피를 마시는 사람들이 원두커피라는 하나의 개념만을 알았다면 이제는 드립커피, 에스프레소커피, 워터브루커피더치커피와 같이 커피를 내리는 방법의 차이에 따라서, 또는 콜롬비아, 에티오피아, 케냐와 같은 산지 차이에 따라서도 커피를 구별한다. 그러나 생산자만이 커피를 구별한다고 부가가치가 생기는 게 아니다. 소비자도 이러한 차이를 이해하고 자신이 좋아하는 것을 선택할 수

소비자의 지식이 많아질수록 상품의 부가가치를 높일 기회가 많아진다.

있는 지식과 경험이 있어야 한다. 따라서 생산자는 소비자에게도 지식을 전파할 필요가 생긴다.

물론 지식기반사회 이전에도 지식은 중요했다. 더욱 값싸게, 더욱 많이 생산하기 위해, 그리고 새로운 제품을 개발하기 위해서 지식은 필요했다. 또한 특허나 지식재산권 제도를 통해서 지식자산의 가치를 보호하고 특허 로열티나 저작권료와 같은 방식으로 무형의 자산이 수익이 되었다. 그럼에도 불구하고 지금을 지식기반사회로 부르는 이유는, 첫째, 이제는 지식의 가치가 물질의 가치를 뛰어넘는 시대가 되었고, 둘째, 예전에는 지식이 주로 물질의 생산을 돕는 차원이었다면, 지금은 거기에서 벗어나 지식의 생산과 유통 자체가 독립된 하나의 경제체제를 이루면서 그 규모가 빠르게 성장하고 있기 때문이다.

한국도 지식기반경제가 빠르게 성장하고 있다. 이미 서비스업이 GDP에서 차지하는 비중이 2014년 기준으로 59.4%까지 늘어나서 제조업보다 더 큰 비중을 차지하고 있다. 그중에서 지식기반서비스업이 GDP에서 차지하는 비중은 2004년에는 25.1%였지만 2014년 29.3%까지 늘어났다. 취업자 수 중 지식기반서비스업이 차지하는 비중도 2004년 27.6%에서 2014년 35.0%로 높아졌다. 전 세계의 경제가 지식기반으로 옮겨가고 있는 만큼 한국에서도 지식기반경제의 비중이 빠르게 늘어날 것으로 전망된다.

─ 　교육학자이면서도 ICT에 관심이 많은 것으로 알고 있습니다. 어떤

　계기로 ICT에 주목하게 되셨는지 궁금합니다.

교육 방법이 바뀌고 있습니다. 전통적이고 정형화된 교육 방식 대신 네트워크의 중요성이 강화되고 있습니다. 무언가 새로운 지식을 얻기 위해서 네트워크의 활용이 점점 더 많아집니다. 지금도 당신은 이미 나에 대해 많은 것을 알고 있는 상태에서 인터뷰를 진행하고 있습니다. 내 이름만으로 내가 무엇을 전공하고, 어떤 활동을 해왔는지 어떻게 알아낼 수 있었나요? 네트워크를 통해서입니다.

이제 사람들은 학교 과정을 다 마친 뒤에도 계속해서 새로운 것을 배우면서 성장해 나갑니다. 앞으로 좋은 직업을 가지고 싶거나 인간으로서 행복한 삶을 원한다면 네트워크를 통해 지식을 얻는 일, 네트워크를 구축하는 일을 더 잘 알 필요가 있습니다. 언젠가 당신이 나를 찾아와서 어떤 일에 필요한 사람을 찾고 있는데 추천 해 줄 만한 사람이 있는지 물어볼 수도 있습니다. 네트워크와 지식은 당신이 할 수 있는 가장 좋은 투자입니다.

얼마 전 제자 중 한 명이 앞으로 어떤 진로를 선택해야 할지에 대해 물어왔을 때, 저는 이렇게 조언했습니다. 당장 좋은 일자리를 찾는 것보다 지금 할 수 있는 가장 좋은 투자는 자신만의 네트워크를 가지고, 자신만의 학습 방법을 가지라는 것이었습니다. 나만의 네트워크와 배우는 방법을 구축한다면 어떤 일을 하든 몇 년 후에는 다른 동료들보다 더 일을 잘하는 사람이 되어 있을 것이기 때문입니다.

그리고 지식기반경제를 이해하기 위해서 필요한 것은 소셜 네트워크 서비스^{SNS, Social Network Services}입니다. 이제는 네트워크를 통해 배우는 시대입니다. 학생들에게 소셜 네트워크를 학습에 활용하는 방법을 가르칠 필요가 있습니다. 제가 진행하고 있는 대학원 수업에서는 전통적인 방식의 교육을 가르치지 않습니다. 항상 네트워크를 구축하는 방법, 그리고 네트워크를 이용해 배우는 방법을 가르칩니다.

제 수업시간에 들어오면 먼저 그 반의 사이트를 만들고 있는 모습을 볼 수 있습니다. 위키 사이트를 만들고 반 전체 학생들이 그 사이트에 각자의 지식을 추가하기도 합니다. 모든 학생에게 컴퓨터를 가지고 오라고 합니다. 스마트폰이나 태블릿 PC일 수도 있겠죠. 그리고 언제든 정보를 반 웹사이트에 추가하면서 네트워크를 구축하도록 합니다. 몇 년 후면 종이는 좀 시대에 뒤떨어진 수단이 될 것이고, 무언가를 출판하거나 정보를 외부로 공개하기 위해서는 멀티미디어 사이트를 만들어야 할 것이기 때문입니다.

내가 가르치는 것은 ICT가 아니라 소셜 네트워크의 가치입니다. 한국인들은 교육 수준이 높고 많은 사람이 소셜 네트워크를 사용하고 있습니다. 한국 학생들은 교육과 네트워크에 강합니다. 이 두 가지를 잘 알고 두 가지를 결합할 수 있다면 전통적인 교육 방식에 얽매이지 않고도 네트워크를 통해 많은 것을 배울 수 있습니다. 네트워크를 구축하는 문제에서 한국인은 대단한 강점을 가지고 있습니다. 그 배경은 문화에서 찾을 수 있습니다. 한국인은 무언가를 함께 구축해 나가는 방법을 자연스럽게 몸에 익힌 것 같습니다. 또한 무

한국인은 교육 수준이 높은 편이고 많은 사람이 소셜 네트워크를 사용하고 있다.

엇인가를 함께 배워나가는 데에도 익숙합니다.

제자 중 한 명은 논문을 쓰기 위해서 4~5개의 네트워크 그룹에 참여해서 연구하고 있습니다. 그중 하나는 테니스를 배우기 위한 그룹입니다. 그런데 이 그룹은 회원들끼리 페이스북 그룹을 만들어 놓았더군요. 제자에게 물어보았습니다. "여긴 네트워크를 공부하는 모임은 아니지 않나요?" 제자가 이렇게 대답했습니다. "맞습니다. 하지만 한국에서는 정보를 교환할 수 있을 정도로 서로를 믿기 위해서는 먼저 사회적인 연결을 맺어야 해요." 한국교원대학교 교수로 있는 친한 한국인 친구도 이와 비슷한 이야기를 했습니다.

그제야 학생들이 처음에 서로에게 나이나 출신학교와 같은 자기

소개를 하던 모습이 떠올랐습니다. 그것 역시 서로 연결 관계를 맺고 네트워크를 구축하기 위한 수단이었던 거죠. '오, 한국인들은 정말 네트워크를 통해 뭔가를 배우는 데 강하구나' 하고 놀라게 되었습니다. 게다가 많은 한국인이 컴퓨터와 스마트폰을 잘 쓸 줄 알고 무엇을 하든, 어디에 가든 이런 장치들을 가지고 다니기 때문에 언제나 소셜 네트워크와 연결되어 있습니다. 제가 가르치는 학생들이 한국인들의 네트워크, 특히 교육을 위한 네트워크를 구축하는 사례들을 수집했는데, 제가 지금까지 본 것 중에 가장 영리한 네트워크들도 있었습니다.

외국인에게 한국어 단어를 가르치는 어느 온라인 네트워크를 예로 들어볼게요. 당신이 이 네트워크에 자원해서 참여하고 있다고 가정해보죠. 한 10분쯤 남는 시간이 있어서 심심풀이로 네트워크에 접속해보니 '신발'이라는 단어에 대한 설명을 필요로 합니다. 당신은 작고 예쁜 핑크색 운동화를 그려서 온라인에 올립니다. 며칠 후면 네트워크를 통해 한국어를 배우는 외국인들은 '신발'이라는 단어를 들으면 당신이 그린 작고 예쁜 핑크색 운동화를 생각하게 됩니다.

아기자기하고 재미있는 것들을 그려서 공유하는 것을 좋아하는 한국인이 많습니다. 당신도 그중 한 명이라면 잠깐 시간을 내서 그림을 그리는 즐거움을 통해 보상을 받습니다. 네트워크에 있는 외국인들은 날마다 새로운 단어와 함께 그림을 보게 됩니다. 외국인들은 '신발'이라는 단어를 보거나 들을 때마다 당신이 그린 운동화를 떠올릴 것입니다. 그 역시 당신에게는 보상입니다. 그와 같이

5분 정도의 짧은 시간에 들인 간단한 노력의 조각들을 모아서 완벽한 교육 네트워크를 만듭니다. 정말 멋진 아이디어 아닌가요? 한국인들은 정말로 네트워크를 구축하는 능력이 뛰어납니다.

— 한국인은 소셜 네트워크를 구축하는 데 강점이 있다고 하셨습니다. 그렇다면 다른 나라, 이를테면 미국과 비교한다면 한국은 네트워크를 구축하는 방법이나 과정에 어떤 차이가 있을까요?

미국은 페이스북과 같은 소셜 네트워크 플랫폼을 만들었고, 많은 한국인이 페이스북이나 그 밖에 다른 소셜 네트워크 플랫폼을 사용합니다. 하지만 미국인은 이러한 플랫폼을 대체로 개인과 개인 간의 연결에 활용합니다. 미국인은 함께 무언가를 배우고 공동으로 지식을 구축하는 방향으로는 소셜 네트워크를 잘 활용하지 못합니다.

물론 위키피디아와 같은 온라인 백과사전처럼 공동 작업을 통해 만들어진 거대한 성과물도 있습니다. 하지만 위키피디아는 우리가 이미 알고 있는 것을 잘 정의해주는 사전입니다. 즉 사람들은 저마다 자기가 알고 있는 정보를 위키피디아에 추가함으로써 어떤 키워드의 정의를 완성합니다. 위키피디아는 참여하는 사람들조차도 알지 못하는 새로운 것에 관한 지식을 탐구하고 구축하는 플랫폼은 아닙니다.

서양 사람들은 소셜 네트워크에서 주로 어떻게 개인이 개인적으로 연결되는가, 즉 1대 1 연결 관계를 중시합니다. 그리고 이곳저곳에 조각들이 흩어져 있을 때, 이 조각들을 1대 1로 연결하는 방향으로 네트워크를 활용합니다. 반면 한국인들은 '우리'가 무엇을 '함께' 할 수 있을지를 중요하게 생각하며 공동으로 아이디어를 구축하는 일을 좋아합니다. 제 수업의 한국인 학생들이 다들 그런 분위기를 가지고 있는 것을 보면 한국의 문화를 통해 자연스럽게 내려오는 것이라고 생각합니다. 서양이나 한국이나 똑같은 소셜 네트워크 플랫폼을 사용하면서도 활용하는 방법은 정말로 다릅니다. 제게는 이런 것들이 흥미롭고 연구할 가치를 느낍니다.

물론 문제점이 전혀 없는 것은 아닙니다. 반 안에서 어떤 학생이 잘 융화되지 못하면 문제가 됩니다. '우리'와 '함께'를 중시하는 문화가 100% 장점만 있는 것도 또 완벽한 것도 아니지만 분명한 것은 공동으로 새로운 것을 배울 때에는 굉장한 장점입니다.

한국이 온라인 게임에 뛰어난 실력을 보이는 이유도 이러한 문화에서 찾을 수 있다고 봅니다. 저는 온라인 게임을 잘하지 못하지만 아들은 무척 좋아하죠. 그런데 온라인 게임은 종종 전 세계에서 접속한 게이머들이 공동으로 문제를 해결하고 과제를 풀도록 요구합니다. 한국인들이 잘할 수밖에 없지 않겠어요? 한국인들은 항상 개인을 개인으로만 보지 않고 어떻게 함께할 수 있을지를 생각하는 습관이 몸에 배어 있으니까요.

학습 시스템을 구축할 때 한국인의 이러한 방식이 효과를 낼 수 있겠다는 생각을 했습니다. 많은 연구에 의하면 인간은 사회적인 존재이기 때문에 교육과 네트워크를 서로 결합시킬 수 있다면 더 효율적인 배움의 장을 열어나갈 수 있다고 합니다. 옛날에는 함께 뭔가

한국인은 공동으로 아이디어를 구축하는 일을 선호하는 편인데, 이는 문화를 통해 내려온
것으로 볼 수 있다.

를 하기 위해서는 한 장소에 모여야 했습니다. 국제적인 공동 작업
이면 저마다 비행기를 타고 날아와야 했죠. 하지만 오늘날은 온라인
을 통해서 서로 다른 장소에 있는 사람들끼리도 공동으로 무언가를
할 수 있습니다. 아직은 직접 만나는 것과 비교하면 부족한 점이 많
지만 네트워크 플랫폼과 관련된 기술이 계속 발달하고 있어 공동 작
업을 더욱 쉽게, 더욱 많은 일을 할 수 있게 만들어주고 있습니다.

　이런 플랫폼을 활용해서 함께 뭔가를 배우고 탐구할 수 있지 않
을까요? 저는 한국인들이 이미 잘 활용하고 있다고 확신합니다. 교
육은 한국인의 문화 속에 오래전부터 깊숙하게 심어져 있고 과학기
술은 한국인에게 무척 익숙해 있기 때문에 한국인들은 공동 학습에

강점이 있습니다. 그리고 내가 만난 학생들은 거의가 그렇게 해왔습니다.

— 교수님께서 한국 학생들이 혁신적인 방법으로 네트워크를 활용하는 모습에 감명을 받았다고 말씀하셨습니다. 어떤 면에서 감명을 받으셨습니까?

해결해야 할 문제가 있을 때, 저는 한국 학생들이 세 가지, 즉 교육과 네트워크, 그리고 ICT를 함께 활용해서 얼마나 빨리 문제를 해결하는지를 보면서 종종 깜짝깜짝 놀랍니다. 올해는 학부생들을 가르치지 않지만 예전에 학부생 대상의 수업을 할 때의 일이었습니다. 그때 학생들을 무작위로 5명 정도의 단위 그룹으로 나눈 다음 질문을 주고 한 시간 동안 답을 찾도록 합니다. 커피숍에 가도 되고, 다른 강의실에 가서 토론을 해도 됩니다. 그런데 학생들은 한 시간 내내 아이디어를 나누고 토론을 하고 있었습니다. 에티오피아에서 온 학생은 문제를 해결하기 위해 공동으로 노력하는 학부생들의 모습을 이제껏 본 적이 없다면서 놀라워했습니다.

미국 대학교였다면 비슷한 상황에서 아마도 한 학생이 그룹을 주도하고, 어떤 학생은 그저 조용히 있었을 것입니다. 그룹으로 있지만 그저 개인을 모아놓은 것이랄까요? 그리고 나서 '30분 정도는 써야지. 그래야 점수를 받을 테니까' 하고 30분 동안 과제를 해결한 다음에는 커피를 마시든 하면서 시간을 보냈을 것입니다. 하지만 한국 학생들은 정보를 공유하는 방법, 그리고 모두의 이야기를 듣는 방법을 다른 나라 학생들에게 가르쳐줘도 될 정도입니다. 한국 학생들은 뭔가 다릅니다. 저만 그렇게 생각하는 게 아니라 다른 외국인 선생님들과 이야기를 해보아도 한국 학생들에 대해 비슷한 인상을 받고, 그래서 놀라곤 했다는 이야기를 듣습니다. 이런 점이 한국 학생들의 독특한 특징이나 차이점이라고들 하죠. 외국인 선생님들이 가지고 있는 저마다의 문화 속에서는 한국 학생들이 어떻게 이런 모습을 보이는지 이해하기 어려울 것입니다.

저는 그동안 수십 개국 나라에서 일해봤기 때문에 여러 나라의 학생들이 같은 환경에서 어떤 모습을 보이는지 보아왔습니다. 독일 학생들은 이렇게, 미국 학생들은 이렇게 하리란 것을 짐작할 수 있습니다. 그 차이점을 말로 설명하기는 어렵겠지만 한 가지 확신하는 것은, 한국은 함께 새로운 것을 배워나가는, 공동 학습 시스템을 만드는 데에는 단연 뛰어나며 좋은 경쟁력을 가지고 있습니다.

우리는 종종 창조를 실제와는 다르게 생각하곤 합니다. 창조란 한 천재가 혼자 방 안에 앉아서 이루어내는 것처럼 생각하기 쉽습니다. 마치 아인슈타인처럼 말이죠. 물론 그것도 창조입니다. 하지만 요즈음 학회에 가보면 서양의 저명한 학자들도 입을 모아 창조는 '사회적'이라고 이야기합니다. 이제는 세상의 복잡한 문제를 한 명이 풀어내는 것은 거의 불가능하고, 공동 집단이 함께 풀어야 하는 시대입니다. 세상에서 과연 어떤 문화가 이러한 집단 문제 해결을 잘할 수 있을까요? 미국은 아닙니다. 스티브 잡스는 놀라운 제품들을 만들어냈습니다. 미국은 한 명의 천재가 혼자 놀라운 창조를

복잡한 문제를 한 명이 풀기보다 공동 집단이 함께 풀어야 하는 시대가 되었다.

이루는 것은 잘하지만 집단 문제 해결에는 약합니다. 한국은 그 점이 강합니다.

—   한국인들이 그렇게 집단 문제 해결에 강한 이유는 뭘까요? 한국인의
        성격이라든지, 역사라든지, 어디에서 그 이유를 찾을 수 있을까요?

아직까지는 정확한 답을 찾은 것은 아닙니다. 하지만 저와 아주 친한 역사학자는 집단적인 문제 해결에 강한 한국인들의 능력을 역사적 배경에서 찾습니다. 한국은 역사적으로 이웃 중국이나 일본에게 끊임없이 위협을 받아왔기 때문에 사람들이 뭉쳐서 어려움을 극복하고 문제를 해결해나가야 했을 것이라는 생각입니다.

또 한 가지 한국인들의 특징이라면 지속적인 적응력입니다. 1년

만 외국에 나갔다가 들어오면 한국 사회의 중요한 부분이 이미 바뀌어 있는 것을 볼 수 있습니다. 제가 처음에 한국에 왔을 때에, 그러니까 2009년 무렵에는 스마트폰을 가진 사람이 거의 없었습니다. 1년 후에는 너도 나도 스마트폰을 들고 있었습니다. 제 역사학자 친구는 비슷한 맥락에서 한국의 지속적인 변화와 적응의 이유를 추측했습니다. 즉 한국은 이웃 나라에게 끊임없이 위협과 영향을 받아왔고 그와 같은 환경에서 살아남기 위해서, 그러면서도 정체성을 유지하기 위해서 변화하고 빠르게 적응하는 방법을 배워오지 않았을까 하는 것입니다.

— 　외국인들 중에는 한국 사회의 빠른 변화를 역동적이라고 생각하는 분들이 있습니다. 특히 유럽의 선진국에서 온 외국인들 가운데 "자신들의 사회는 별 변화가 없고 너무 안정되어 있다 보니 따분한데 한국은 정말 빠르게 변하기 때문에 지루할 틈이 없다"라고 말하면서 한국 생활을 좋아하는 분들도 있더군요.

최근 들어서 지식경제 분야에서 새롭게 떠오르고 있는 이론이 있습니다. 산업화 경제에서는 '할당의 효율$^{allocative\ efficiency}$'을 중시했습니다. 생산을 위해 필요한 자원이 부족하다면 자원을 더 확보하거나 가지고 있는 자원을 최대한 효율적으로 적재적소에 할당해야 합니다. 하지만 새로운 지식경제 시대의 새로운 이론에서는 할당은 중요하지 않으며 그보다는 '적응의 효율$^{adaptive\ efficiency}$'이 중요하다고 보고 있습니다. 즉 얼마나 빠르게, 그리고 쉽게 변화에 적응하는가의 문제입니다.

　마이크로소프트가 큰 성공을 거둔 이유가 무엇이었을까요? 빌 게이츠는 변화에 빠르게 적응했고, 그에 맞는 제품을 발 빠르게 내놓았습니다. 할당의 효율 면에서는 부족하더라도 적응의 효율로 성공을 거둘 수 있습니다. 한국은 자원, 특히 천연자원이 충분하지 않은 나라입니다. 그래서 할당의 효율 면에서 한국은 핸디캡을 가지고 있습니다. 하지만 적응의 효율이라는 관점에서 보면 한국은 강합니다.

　한국 사회가 얼마나 빨리 변하고 사람들이 그 변화에 어떻게 적응하는지를 보면, 심지어 의회나 정부의 정책도 발 빠르게 변화는 모습을 보면 놀라게 됩니다. 한국은 세계에서 가장 좋은 교육 시스템을 가진 나라 중 하나입니다. 하지만 사람들은 이렇게 얘기하죠. "좋아. 하지만 충분하지는 않아. 2년만 지나도 우리가 만들어놓은 이 시스템은 낡은 게 돼버릴 테니까." 가장 성공적인 시스템을 만들었다고 만족할 수도 있겠지만 2년만 지나도 세상이 변하고, 또 그 변화를 따라잡아야 하므로 한국인들은 안주하지 않습니다.

할당 효율의 시대에서
적응 효율의 시대로

물질 생산 위주의 산업화 경제에서는 할당 효율을 중시했다. 할당 효율은 주어진 자원을 최적으로 배분해서 소비자가 최대한 만족할 수 있는 생산을 하는 것이다. 좀 더 정확하게 표현하면 가격 대비 소비자가 느끼는 편의 가치가 일치하도록 한다는 의미다.

사회에서는 제한된 자원으로 많은 제품을 만들어야 한다. 100원짜리 물건을 샀을 때 소비자가 100원만큼의 가치를 느낀다면 할당 효율이라는 면에서는 가장 좋다. 이 물건의 생산이 너무 적으면 수요에 비해 공급이 부족하므로 가격이 200원으로 오르고, 사람들은 바가지를 썼다고 생각하게 된다. 즉 그 제품에서 돈을 주고 산 가격만큼의 가치를 느끼지 못하는 것이다.

반대로 공급이 너무 많아서 물건 값이 50원밖에 안 된다면 소비자는 50원짜리 물건에서 100원만큼의 가치를 느낄 수 있어서 좋겠지만 사회 전체로 보면 지나치게 많은 자원을 투입한 것이므로 낭비가 된다. 불필요하게 많이 투입되는 자원을 다른 곳으로 돌려서 공급이 부족한 상품을 만드는 데 쓰는 것이 사회 전체로 보면 더욱 최적화되는 것이다. 이것을 할당 효율이라고 볼 수 있다. 산업화 초기에는 제품의 가격을 최대한 싸게 하기 위해 물건을 많이 만드는 생산 효율productive efficiency이 중요했다면, 할당 효율은 경제 전체를 보고 자원을 최적으로 할당하는 것을 중시하는 개념이다.

그런데 최근에 적응 효율이라는 개념이 떠오르고 있다. 1993년 노벨경제학상을 수상한 더글라스 C. 노스 박사는 수상 기념 강연에서 다음과 같이 말했다.

"장기간 성장의 핵심은 할당 효율이 아니라 적응 효율입니다. 성공적인 정치·경제 시스템은 성공적인 진화의 일부로서 오는 충격과 변화 속에서 살아남을 수 있는 유연한 제도 구조를 발전시켜 왔습니다. 하지만 이러한 시스템은 오랜 잉태의 산물입니다. 우리는 적응 효율을 짧은 기간 안에 만들어낼 수 있는 방법을 모릅니다."

이전의 개념, 즉 생산 효율이나 할당 효율은 물질 자원을 중심으로 생각한다. 기존에 가지고 있는 자원, 예를 들어 기존의 과학기술을 가지고 어떻게 최대한의 효율을 끌어낼 것인가에 중심을 두고 있다. 반면 적응 효율은 시간이 지나면서 일어나는 여러 가지 변화에 얼마나 잘 적응하는지, 사회와 경제의 유연성에 초점을 두고 있다. 새로운 기술이 등장했을 때 그것을 얼마나 빨리 받아들이고 최적으로 활용하는지, 사회의 법과 제도는 얼마나 새로운 기술이나 사업 모델에 빨리 적응하고 법 제도의 테두리 안으로 받아들이는

기술혁신이 성공하려면 생산자가 혁신적인 무엇인가를
만들어내는 것만으로는 부족하다. 대중들이 그 혁신에
적응하고 잘 활용할 수 있는 능력도 중요하다.
이러한 면에서 적응 효율은 변화에 빠르게 대처하고
앞서 나가기 위해서 필수라 할 수 있다.

지, 사람들은 얼마나 새로운 변화에 열려 있고 빠르게 적응하는지와 같은 것들이 적응 효율과 관련되어 있다.

예를 들어 혁신적인 아이디어는 새로운 수익 모델을 낳고, 이는 기존의 법이나 제도 또는 기존의 산업과 충돌을 일으킬 수 있다. 온라인을 통한 음악 유통이 그 사례 중 하나일 것이다. 예전에는 레코드나 카세트테이프, CD와 같은 물리적 형태의 외형이 갖추어진 상품에 음악이 담겨 있었고, 음악을 산다는 것은 이러한 '물건'을 사는 것을 의미했다. 그러나 MP3라는 오디오 파일 형식이 등장하면서 작은 크기의 파일로 기존 매체와 별 차이가 없는 음질의 음악을 들을 수 있게 되면서 인터넷을 통해서 유통되기 시작했다. 기존에는 개인끼리 음악 파일을 주고받는 정도였지만 시간이 흐르면서 아예 인터넷을 통해서 음악을 판매하고 유통하는 방식이 이루어졌다. 음악을 산다는 것이 이제는 더 이상 물리적인 상품을 사는 것과 같은 뜻이 아닌 시대로 변한 것이다.

이러한 변화는 많은 갈등과 충돌을 몰고 왔다. 기존 음반 제조 산업은 일감이 줄고 위축될 수밖에 없었다. 또한 불법 복제의 문제, 음악 파일의 가격이나 수입 배분의 문제와 같은 여러 가지 문제들이 불거졌다. 단지 기업과 정부의 문제만이 아니다. 사람들도 새로운 기술과 사업 모델이 가져오는 큰 변화에 적응할 필요가 있다. 옛날에는 물리적인 소유가 가져다주는 즐거움을 즐기는 사람들이 많았다. 책장에 꽂힌 레코드나 CD 수집품을 보면서 흐뭇해하는 음악 애호가들이 많았다. 디지털로 음악을 사고팔고 유통하는 시대에는 더 이상 그런 즐거움을 느끼기 어렵다.

새롭고 혁신적인 정보통신 기기, 이를테면 새로운 스마트폰이 나와도 사람들이 잘 적응하지 못하거나 그 기능을 제대로 활용하지 못하면 오히려 거부감을 느끼게 된다. 좋은 기술이 의외로 시장에서 좋은 반응이나 수익을 얻지 못하고 묻혀버리기도 한다. 즉 기술 혁신이 성공하려면 생산자가 혁신적인 무엇인가를 만들어내는 것만으로는 부족하다. 대중들이 그 혁신에 적응하고 잘 활용할 수 있는 능력도 중요하다. 이러한 면에서 적응 효율은 변화에 빠르게 대처하고 앞서 나가기 위해서는 필수라고 할 수 있다.

더구나 지금은 혁신과 변화의 속도가 점점 빨라지고 있다. 사회나 대중의 변화가 이러한 혁신의 속도를 따라가지 못하거나 법과 제도, 사람들의 마인드가 너무 경직되어 있어서 새로운 혁신을 수용하지 못하면 갖가지 갈등과 충돌이 벌어진다. 노스 박사의 말처럼 사회가 수많은 변화와 혁신 속에서 살아남기 위해서는 변화를 포용하고 적응할 수 있는 사회의 역량이 필수다.

한국 사회는 변화가 빠르고 한국 사람들은 새로운 것을 빨리 받아들이는 것으로 잘 알려져 있다. 그중 한 가지가 '글로벌 테스트베드'다. 테스트베드란 신제품을 본격적으로 출시하기 전에 먼저 특정한 지역에서만 출시하고 마케팅 활동을 펼친 후, 출시 전에는 미처 알지 못했던 문제점이나 부족한 면을 찾아내서 개선하는 것을 뜻한다. 글로벌 기업들은 새로운 제품이나 브랜드, 매장을 아시아 지역에 선보이기 전에 먼저 한국에서 출시해보기도 하고, 새로운 영화를

한국 사회는 변화가 빠르고 한국인은 새로운 것을 빨리 받아들인다고 세계에 알려져 있다.

내놓을 때 아시아에서 가장 먼저 한국에서 개봉을 하기도 한다.

그 이유는 한국의 적응 효율이 높기 때문이다. 한국은 새로운 것을 가장 빨리 받아들이고 남보다 새로운 것을 먼저 써보고 싶어 한다. 또한 제품이나 서비스를 사용해보고 그 소감을 적극적으로 인터넷에 올리면서 의견을 제시한다. 아시아 지역의 테스트베드로서는 아주 좋은 시장인 것이다. 또한 한국은 일본과 중국을 비롯한 아시아에 주는 영향이 큰 나라 중 하나다. 즉 한국에서 신제품을 먼저 출시했을 때 좋은 반응을 얻으면 아시아 지역으로 빠르게 퍼져 나가기 때문에 다른 아시아 국가에 긍정적인 반응을 등에 업고 상품을 출시할 수 있다. '한국에서 통해야 아시아에서, 더 나아가서 전 세계에 통한다'는 인식이 점점 널리 퍼지고 있다.

한국도 이점이 있다. 세계의 신기술을 다른 나라보다 먼저 체험함으로써 변화에 더욱 빨리 적응하는 효과를 얻을 수 있고, 신제품 시험을 넘어 한국 소비자들에게 좋은 반응을 얻고 이를 발판으로 다른 나라 시장에 진출하기 위해 한국과 공동 제작 또는 연구개발 협력을 하거나 한국에 연구개발센터를 만듦으로써 투자와 일자리 창출 효과도 얻어낼 수 있기 때문이다.

—　　　한국은 강점이 있음에도 그 잠재력이나 성과를 세상에 드러내고 주목
　　　을 받는 면에서는 약점이 있다고 생각하는데, 그 이유가 무엇일까요?

이곳은 물론 외국에 있는 학계 동료들이나 친구들도 종종 한국 학생들의 창의력에 놀라곤 합니다. 그런 창의력의 결과물을 보면서 심지어는 학생들에게 영어로 번역해서 웹사이트를 통해 소개하면 미국에서도 굉장히 유용하고 벤처 캐피털의 관심도 끌 수 있을 것이라고 말하는 친구도 있습니다. 하지만 실제로 그렇게 하는 한국인은 의외로 많지 않습니다. 한국인은 자신들의 잠재력이나 창의력이 얼마나 뛰어난지를, 어떻게 세계에 알릴 수 있는지에 대해서는 잘 모르는 것 같습니다.

제가 내놓을 수 있는 유일한 해석은 한국인에게는 하나의 신화가 있다는 것입니다. 많은 한국인이 자신은 뛰어나지 않다고 생각하는 듯합니다. 서양이 더 잘한다고 생각하고, 그래서 서양을 좇아가고 서양에서 배워야 한다는 생각을 하는 거죠. 사실 서양의 유명 대학교들은 실제로 그렇든 아니든 자기들이 최고라고 생각합니다.

몇 달 전에 부임한 한 교수는 학생의 웹사이트를 보고 내가 번역을 해줄 수도 있겠다, 그리고 웹사이트를 좀 더 잘 꾸미면 학생이 무엇을 하고 있는지 더 잘 보여줄 수 있을 것이라고 권했습니다. 하지만 학생은 그러려면 돈이 많이 든다면서 거절했다고 합니다. 웹사이트는 자신이 무엇을 하고 있는지, 무엇을 만들었는지를 세상에 보여주는 좋은 수단입니다. 한국은 세상의 다른 곳에 자신들이 무엇을 하고 있는지, 얼마나 좋은 것을 만들었는지 좀 더 잘 보여줘야

한다고 생각합니다. 그리고 세상은 한국이 무엇을 하고 있는지, 무엇을 만들고 있는지 더 많이 알아야 합니다.

세계적인 성과를 이루기 위해서 미국을 좇아가고 또 미국에 가야 하는 건 아닙니다. 투자회사의 사람들은 이렇게 말합니다. "우리는 누구에게든 투자할 만한 무언가가 있다면 투자할 것이다. 웹사이트라도 보여달라"고 말이죠. 벤처 캐피털은 늘 뭔가를 찾고 있습니다. 그들의 눈에 들기 위해서는 웹사이트와 같은 수단이 필요합니다. 한국은 분명 창조성에서 최고 수준에 있습니다. 낮춰서 생각할 이유가 없습니다. 더욱 자신 있게 스스로 무엇을 하고 있는지, 어떤 아이디어를 가지고 있는지를 세상에 내보이기를 바랍니다.

— 한국의 젊은이들이 좋은 아이디어를 가지고 있는데도 이를 적극적으로 표현하거나 스타트업Start-up, 신생 창업기업에 뛰어들기를 주저하는 이유를 생각해보면, 실패를 잘 인정하지 않거나 실패 후에 또 다른 기회가 잘 주어지지 않는 풍토를 지적하기도 합니다.

스티브 잡스조차도 여러 차례 실패를 겪기도 했고, 한때는 자기가 만든 회사에서 쫓겨나는 수모를 겪기도 했습니다. 하지만 미국 사회는 실패를 하더라도 다시 회복할 수 있는 여러 가지 길이 있다는 면에서는 장점을 가지고 있을 것입니다.

미국의 경우에는 좋은 아이디어가 있다면 벤처 캐피털의 투자를 통해 사업화하도록 이끄는 분위기입니다만, 한국은 아직 그렇지 못한 모습입니다. 앞에서도 예를 들었지만 그런 상황을 미국인들은 잘 이해를 못합니다. 이렇게 좋은 아이디어가 있는데 왜 사업화하려고 하지 않을까? 하고 이상하게 생각하죠. 문화적인 차이나 사회적인 제도 또는 풍토의 차이가 있겠지만 말입니다.

— 　그러면 한국에서 보았던 뛰어난 아이디어나 공동 학습의 강점을 다른 곳에 적용해본 사례가 있으신가요?

한국에서 목격하고 연구한 성과들을 짐바브웨나 잠비아와 같은 저개발국가에 적용하기 위한 시도를 했고 실제로 성과가 있었습니다. 한국학술재단의 지원을 받아서 잠비아의 교육과 역량 개발의 혁신을 위한 잠비아 GKI^{Global Knowledge Institute} 센터 건립 프로젝트를 추진했고, 현재 잠비아에서 성과를 거두고 있습니다.

공동 학습, 그리고 지식기반경제는 기존의 산업과는 다릅니다. 네트워크에 더욱 가깝습니다. 몇 가지 아이디어를 가지고 있지만 아직 완전하지 않습니다. 다음 단계에서 좀 더 완전하게 만들어야겠죠. 하지만 한 가지는 분명합니다. 이러한 면에서 한국은 엄청난 에너지와 훌륭한 아이디어를 가지고 있습니다. 이러한 잠재력을 아주 큰 세계적인 아이디어로 키워갈 수 있었으면 합니다.

지금의 교수직에서 은퇴한 뒤에라고 한국에서 이에 관한 일을 계속하면서 역할을 하고 싶습니다. 이러한 아이디어를 설계하는 과정에서 한국인보다 더 창의적인 사람들을 보지 못했기 때문입니다. 비즈니스에 관련된 부분, 예를 들어 구조를 만드는 것은 미국에서 하더라도 공동 학습을 설계하는 부분은 한국이 가장 좋을 것입니다.

지금까지의 교육은 물리적인 인프라가 중요했습니다. 교실, 집기, 건물, 책, 선생님도 포함되겠죠. 사람의 이야기를 들을 수 있는 공간이 필요했기 때문입니다. 더 이상은 이야기를 듣기 위해서 그런 공간이 필요하지 않습니다. 외국어를 배우기 위해서 가장 좋은 방법은 뭘까요? 요즘은 선생님보다 소프트웨어를 활용하는 게 더 좋을 수도 있습니다. 여러 전문 분야의 강의도 온라인을 통해서 배울 수 있고, 요즈음은 아이들도 아동용 프로그램을 통해서 여러 가지를 배웁니다. 어떤 종류의 학습에는 소프트웨어가 기존 교육 방법을 능가할 수 있습니다. 더 이상은 교육을 위해 물리적인 공간을 필요로 하지 않을 수도 있습니다.

이제 교육은 정보를 전달하기 위해 동영상이나 블로그 등 활용할 수 있는 다양한 미디어를 활용하고 학생들이 참여해서 논의를 할 수 있도록 조직하는 과정이라고 말할 수 있습니다. 앞으로 교육 인프라는 광섬유와 같은 통신 그리고 관계, 즉 네트워크가 될 것입니다. 따라서 사회적 교육 네트워크의 설계가 중요해집니다.

최근에 수업에서 활용하고 있는 사례 중 하나는 로컬 모터스라는 미국 기업입니다. 이곳에서는 최근에 올리ᵒˡˡⁱ라는 자율주행 소형 버스를 만들었습니다. 그런데 이 회사는 커뮤니티를 기반으로 자동차를 만듭니다. 즉 새로운 제품의 아이디어를 구상하고, 이를 설계하고, 제작하는 과정까지 온라인 커뮤니티를 통해서 논의가 이루어지고 함께 고민합니다. 네트워크 기반의 공동 학습, 그리고 이러한 학

앞으로 교육 인프라는 통신과 네트워크가 될 것이며 이에 따라 사회적 교육 네트워크 설계가 중요해질 것이다.

습을 제품 및 비즈니스와 연계한 좋은 사례라고 할 수 있겠습니다.

미래에는 교육을 생각하는 방법이 학습 시스템을 공동으로 만드는 일이 될 것이라고 생각합니다. 결혼을 하고 아이를 낳으면 언젠가는 아이를 유치원에 보낼지 말지를 생각하게 될 겁니다. 제 외국인 동료들 중에 대부분은 자녀를 한국 유치원에 보내고 싶어 하지 않더군요. 한국 교육 분위기가 너무 엄격하다고 말이죠.

지금까지는 정해진 교육 과정, 교육 기관을 제외하면 선택의 폭이 별로 없었지만 미래의 교육은 온라인과 오프라인을 모두 끌어안게 됩니다. 더 이상 교실이나 교과서에 얽매여야 할 필요가 없습니다. 결국 원하는 교육 시스템을 공동으로 만드는 모습이 미래의 교육이 될 것입니다.

뜻이 맞는 여러 부모들이 모여서 자녀를 위한 교육 프로그램을 짤 수 있을 것입니다. 매주 수요일 아침에는 아이들을 운동장으로 데리고 가서 두 시간쯤 축구를 하게 하고, 목요일에는 자연을 체험하고, 금요일에는 아이들을 우리 집으로 오게 해서 수학 공부를 하고, 아이들이 서로 도와가면서 주어진 문제를 해결하도록 할 수도 있습니다. 부모가 자신이 가지고 있는 전문지식을 아이들에게 직접 가르칠 수도 있을 것입니다. 음악을 잘하는 부모는 음악을, 그림을 잘 그리는 부모는 그림을 가르칠 수도 있을 것이고, 수학이나 과학에 전문성을 가진 부모가 자녀들을 가르칠 수도 있을 것입니다. 홈스쿨링이라는 이름으로 가정에서 자녀를 교육시키는 부모들도 있지만 네트워크를 통해서 더욱 발전시킬 수 있습니다.

이러한 미래의 교육에서 중요한 것은 부모들이 공동으로 창조하는 능력, 그리고 아이들도 공동으로 창조하는 능력입니다. 그리고 올해의 교육 과정은 이듬해에는 바뀔 것입니다. 세상이 바뀌니까요. 따라서 부모들은 세상의 변화에 맞춰서 아이들을 위한 교육 프로그램을 계속 바꾸고 개선해야 합니다. 이것이 미래의 교육 인프라가 될 것입니다. 그런 면에서 한국은 정말 좋은 환경이죠. 무엇보다도 부모들이 과학기술과 친숙하니까요.

물론 제가 생각하는 이러한 미래 교육 방향에도 부정적인 문제점은 있을 것입니다. 교육이 디지털이나 온라인을 적극 활용하는 추세를 비인간적이라고 생각하거나, 아날로그 감성을 잃을까 봐 우려하는 분들도 많습니다. 하지만 지금까지 저는 제가 가진 지식이나 경험을 더욱 나은 미래를 만들기 위해서 활용해왔습니다. 모든 게 완벽할 것이라고 100% 장담할 수는 없겠죠. 하지만 세상의 변화가 좋은 방향으로 갈 수 있도록 노력할 것입니다.

— 교수님께서 이미 미국 대학교에서 정년 보장까지 받았는데도 한국에 오기로 결심하고, 또 한국에서 공동 학습의 강점을 발견하고 그 잠재력을 높이 평가하시는 모습이 무척 인상적입니다.

한국에 오기로 한 결정은 잘한 일이었습니다. 돌이켜보면 위험 부담이 큰 결정이긴 했지만, 만약 여기에 오지 않았다면 미국에서 아무것도 배울 게 없는, 그저 '직업'으로서 일하고 있었을 것입니다. 정말 한국에 와서 많은 것을 배웠습니다. 한국에 오길 정말 잘했습니다.

지식기반사회의 핵심,
교육

지식이 경제의 중심이 되는 지식기반사회에서 중요한 것은 교육이다. 지식을 나누는 분류에는 여러 가지가 있지만 그 보관 방법에 따라서 암묵적 지식tacit knowledge과 코드화된 지식codified knowledge으로 나눌 수 있다. 암묵적 지식은 사람의 마음속에 있거나 훈련과 반복을 통해 몸에 밴 지식이다. 예를 들어 자전거를 배울 때 처음에는 균형을 잡기 힘들어서 자주 넘어지지만 연습을 거치면 넘어지지 않고 자전거를 탈 수 있다. 그런데 '어떻게 하면 넘어지지 않고 자전거를 탈 수 있을지'를 다른 사람에게 말이나 글로 설명하기는 힘들다. 오른쪽으로 기울어지면 핸들을 왼쪽으로 틀고, 왼쪽으로 기울어지면 오른쪽으로 틀라고 하지만 실제 자전거를 타는 데에는 별 도움이 안 된다.

좀 더 전문적인 예라면 요리가 있다. 뛰어난 요리사는 똑같은 생선이라고 해도 상태나 크기를 비롯한 여러 가지 요소에 따라서 조리하는 방법, 예를 들어 불의 세기나 양념의 비율 같은 것들을 미세하게 조절한다. 이러한 노하우는 글로 써서 전달하기도 힘들고, 설사 글로 써서 전달했다고 해도, 예를 들어 일류 요리사가 쓴 요리책대로 따라 한다고 해서 일류 요리사의 맛을 그대로 내기가 쉽지 않다. 연습과 시행착오를 통한 습관화를 필요로 한다.

반면 코드화된 지식은 말이나 글을 통해서 표현할 수 있는 지식을 뜻한다. 과학적인 법칙이나 매뉴얼로 만든 생산 공정 같은 것들이 그 예라고 할 수 있다. 코드화된 지식은 책이나 인터넷과 같은 수단으로 쉽게 전달할 수 있고 조직화, 체계화하기도 쉽다. 특히 정보화 사회에 접어들면서 코드화된 지식은 점점 더 온라인을 통해서 폭넓게 퍼져 나간다. 미국의 최신 정보를 거의 실시간으로 인터넷을 통해서 볼 수 있고, 예전에는 많은 돈을 들여서 책이나 전문지를 사 보아야 얻을 수 있었던 고급 정보도 인터넷을 통해 무료로 구할 수 있는 여지가 많아지고 있다.

암묵적 지식과 코드화된 지식은 상호 보완에 가깝다. 코드화된 지식은 지식을 전달하고 전파하기 위해 필요한 재료라면 암묵적 지식은 코드화된 지식을 잘 사용하고 그 가치를 극대화하기 위해 필요한 도구다. 어떤 요리를 만들기 위해서 필요한 재료와 양은 코드화된 지식으로 만들 수 있다. 우리는 요리책을 통해서 이러한 레시피와 기본적인 조리법을 배우고 요리를 만들 수 있다. 하지만 요리를 정말 맛있게 만들기 위해서는 암묵적인 지식이 필요할 때가 많다.

지식기반경제, 지식기반사회에서 교육의 중요성은 어느 때보다도 커지고 있다. 지식을 전달하고 전파하는 것이 곧 교육이기 때문이다. OECD의 〈지식기반경제The Knowledge-based Economy〉 보고서를 비롯한 여러 관련 보고서에서도 지식기반사회에서 교육의 의미, 그리고 전통적인 교육과의 차이를 중요하게 생각하고 있다. 무엇보다도 지식노동자가 중요해지고 그 수요가 늘어나고 있는데, 이에 필요한 고도화된 지식을 갖춘 사람들을 키워내려면 교육이 중요할 수밖에 없다. 이제는 전통적인 산업조차도 지식기반 구조로 변화해나가고 있으며 같은 일을 하더라도 예전보다 더 많은 지식을 요구한다.

게다가 계속해서 새로운 혁신이 일어나고 새로운 지식이 등장하면서 이전의 지식은 부가가치가 급속도로 떨어지기 때문에 지속적으로 새로운 지식을 배우고 익혀야 한다. 과거에는 교육이라고 하면 학교 교육의 비중이 절대적이었지만 이제는 평생에 걸쳐 지속되는 교육의 비중이 점점 커지고 있다.

온라인과 디지털을 중심으로 지식기반사회에서 교육을 통해서 키워야 하는 능력은 전통적인 교육과 상당히 다르다. 정보화 사회를 통해 정보를 구하기는 점점 더 쉬워지고 점점 더 저렴해지고 있다. 이제는 스마트폰이나 태블릿을 통해 언제 어디서든 원할 때 정보를 찾아볼 수 있다. 이러한 시대에 필요한 정보를 빨리 찾고 효율적으로 활용하는 능력은 더욱더 중요하다. 필요한 정보가 있어서 구글이나 네이버 같은 검색엔진에 키워드를 넣고 찾아보면 어마어마한 양의 검색 결과가 나온다. 그중에서 진짜 내가 찾는 정보가 있는 곳은 많지 않다. 필요 없는 노이즈는 걸러내고 내게 필요한 정보가 있는 곳을 빨리 찾는 것이 경쟁력이다. 이런 노하우는 경험과 시행착오 속에서 몸에 밴다. 즉 암묵적인 지식에 해당한다. 어떤 문제를 해결하기 위해서 어떤 키워드로 검색해야 할지, 또한 한 가지 정보만으로는 충분하지 않고 여러 가지 정보를 검색해서 이를 잘 결합시켜 가치 있는 지식으로 만들려면 어떻게 해야 할지와 같은 능력을 키우는 것도 중요하다. 기존의 학교 교육은 거의가 코드화된 지식 위주였다면 지식기반사회의 교육은 암묵적 지식과 코드화된 지식이라는 두 가지 도구를 얼마나 조화롭게 잘 활용하느냐가 중요하다.

여기에 더해서 교육에서 네트워크가 가지는 중요성도 더욱 커지고 있다. 무엇보다도 암묵적인 지식은 선생님은 가르치고 학생은 배운다는 식의 일방통행식 교육으로는 쉽게 길러지기 힘들다. 인터넷 검색을 통해서 정보를 찾고, 이러한 정보를 바탕으로 제품을 만드는 과제가 주어졌다고 가정하자. 인터넷으로 찾은 정보, 즉 제품을 만들기 위한 재료나 제조 방법은 코드화된 지식에 해당한다. 하지만 무수히 많은 정보가 떠도는 인터넷 바다 속에서 필요한 재료 목록을 빨리, 정확히 찾아내는 노하우는 암묵적인 지식에 가깝다. 교실에서 선생님이 가르치고 학생은 듣는 방식으로는 배우기 어렵다. 컴퓨터 앞에 앉아서 여러 가지 검색엔진을 사용해보고 다양한 키워드를 생각하면서 시행착오를 거치는 과정에서 학생들이 서로 자신의 경험과 노하우를 공유하는, 즉 사회적 네트워크와 공동 학습의 과정이 더욱 효율적일 것이다. 또한 같은 제품의 재료나 제조

서로 자신의 경험과 노하우를 공유하는 사회적 네트워크와 공동 학습 과정이 학습의 효율을 높인다.

법은 여러 가지가 검색될 수 있다. 어떤 것이 가장 좋을지를 판단할 때에도 서로 토론과 소통하는 과정이 필요하며 이 역시 공동 학습에 속한다.

또한 지식기반경제 시대에는 지식을 만드는 것 못지않게 지식을 공유하고 전파하는 것도 중요하다. 과거에는 제품을 만드는 과정은 과학적 연구를 통해 새로운 아이디어를 얻고→이를 상품화하기 위해서 개발 단계를 거치며→그 결과에 따라 제품을 생산하고→이를 시장에서 팔기 위해 마케팅을 하는 단선 구조였다. 지금은 더 이상 이러한 단선 구조가 통하지 않는다. 과거에 비해서 지식의 양이 크게 늘어났고 온라인을 통해 구하기도 쉬워지면서 개발에 필요한 새로운 아이디어의 원천이 크게 늘어났다. 게다가 소비자도 더 이상 그저 제품을 사는 수동적인 주체가 아니다. 인터넷 시대에는 쇼핑몰이나 블로그에 사용 후기를 올리거나 점수를 매기고 사람들은 물건을 살 때 이러한 후기를 참조한다. 더 나아가 '이런 상품을 만들어 달라'고 회사 웹사이트 게시판이나 이메일을 통해서 요구하기도 하고, 인터넷에 같은 제품을 사용하는 사람들끼리 커뮤니티를 만들고 의견을 교환하거나 활용법을 공유하고, 불만이나 의견을 제시하기도 한다.

따라서 지식기반경제에서는 예전처럼 연구를 거쳐서 지식을 만들고 자기 제품을 만드는 것이 전부가 아니다. 지식 공유의 중요성이 커지고 있다. 그 좋은 예가 오픈소스 소프트웨어다. 열심히 만든 소프트웨어와 기술을 인터넷을 통해 공개하는 것은 과거에는 좋은 일이긴 했어도 비즈니스라고 생각하지 않았다. 자신의 지적 자산을 포기하는 것이기 때문이다. 그러나 이제 오픈소스는 소프트웨어 업계에서 주요한 비즈니스 모델이 되었다. 구글이나 페이스북을 비롯해서 우리가 아는 많은 ICT 기업들은 자신들이 만든 제품이나 서비스의 일부 또는 전부의 부분을 오픈소스로 공개하고 있다.

오픈소스로 프로그램의 소스 코드를 인터넷에 공개하면 누구나 이를 내려 받아서 보거나 테스트해 볼 수 있고 소프트웨어 개발자가 되기 위한 공부에 활용할 수 있다. 이 과정에서 잠재된 문제점, 예를 들면 해킹에 취약한 보안 문제를 발견해서 회사에 알려줄 수도 있고, 의견이나 개선 방안을 받아서 제품 개선에 반영할 수도 있다. 공유를 통해서 저마다 이득을 볼 수 있고 그 자체가 교육의 효과를 가지게 된다.

더 나아가서는 아예 인터넷 커뮤니티를 기반으로 제품을 개발하기도 한다. 예를 들어 리눅스 운영체제로 유명한 레드햇은 중요한 부분을 커뮤니티를 중심으로 한 오픈소스로 개발한다. 이렇게 개발된 버전은 '페도라'라는 이름으로 누구나 무료로 쓸 수 있다. 그렇다면 회사는 어떻게 돈을 벌까? 주요한 고객은 기업이다. 레드햇은 기업이 필요로 하는 기능을 보강하고 회사의 시스템 유지 보수에 필요한 전문 기술을 지원하는 '레드햇 엔터프라이즈 리눅스' 버전을 판매해서 수익을 얻는다. 이러한 모델은 내부에 두어야 하는 소프트웨어 개발 인력을 줄일 수 있는 효과가 있고, 커뮤니티에서 새로운 제품을 빠르게 개발하고 테스트한 후, 안정화가 되면 엔터프라이즈 버전에 반영함으로써 충분한 테스트에 바탕을 둔 안정성도 얻을 수 있다. 이러한 모델은 예전에는 주로 소프트웨어에 쓰였지만 이제는 일반적인 제품에도 이런 개발 방식이 도입되고 있다.

이제는 회사 안에서 연구→개발→생산→마케팅을 진행하는 단선적인 제품 개발 방식이 깨졌다. 모든 단계에서 지식과 연구의 중요성이 커졌고, 생산자와 소비자의 경계가 무너지면서 소비자도 고도의 지식을 지니게 되었다. 따라서 제품을 개발하고 생산하는 단계에서도 수많은 주체가 얽히면서 사회적 네트워크를 잘 구축하고 관리하는 능력이 대단히 중요해진 것이다. 또한 이러한 네트워크 안에서 지식을 잘 공유하고 확산시켜야 한다. 예전에는 지식을

제품을 생산하는 단계에서 수많은 주체들이 얽히면서 사회적 네트워크를 구축하고 관리하는 능력이 중요해졌다.

소유하고 독점하는 것이 힘이었다면 지금은 회사의 안과 바깥을 넘나드는 네트워크의 소통과 상호작용이 원활해야 더욱 빠르게 발전할 수 있으며, 이를 위해서는 많은 사람이 지식에 쉽게 접근할 수 있어야 하기 때문이다. 또한 지식 접근이 쉬워지면 더 많은 사람이 네트워크에 참여하도록 이끌어주는 효과도 얻을 수 있다.

집단과 협동을 중시하는 한국의 문화는 네트워크를 바탕으로 하는 지식기반사회, 그리고 네트워크를 통해서 공동으로 문제를 해결하는 교육에서 강점을 가진다. ICT 기술에 대한 적응도가 높다는 점도 한국의 강점이다. 신기술이나 신제품을 빠르게 받아들이고 짧은 시간에 대중에게 확산된다. 변화의 속도가 빨라지고 교육에도 새로운 기술이나 새로운 교육 방법이 계속해서 더해지는 시대에, 이에 대한 적응력과 빠른 확산은 커다란 장점이다.

과거의 교육은 글을 읽고 쓰는 능력, 즉 리터러시^{literacy}를 중요하게 여겼다. 정보화와 지식기반경제 시대의 교육은 전통적인 리터러시는 말할 것도 없고 디지털 리터러시^{digital literacy}, 즉 인터넷과 정보통신 기기를 활용할 수 있는 능력을 중시한다. 과거에 글을 모르면 지식을 얻기 힘들었던 것처럼 이제는 디지털 리터러시에 약한 사람은 정보와 지식을 얻는 능력이 크게 떨어질 수밖에 없다.

한국은 2011년 OECD가 학생들의 디지털 리터러시를 평가한 순위에서 1위를 차지했고, 줄곧 디지털 리터러시에 관련된 조사에서 세계 상위 수준을 차지해왔다. 가난했던 시기에도 높은 교육열로 세계 최저 수준의 문맹률을 기록해왔던 한국은 디지털 문맹률도 세계에서 낮은 수준을 기록하면서 지식기반사회의 중요한 경쟁력을 갖추고 있다.

"

미래의 교육에서 중요한 것은
'공동으로 창조하는 능력'입니다. 아무리
고심하여 만든 교육 과정도 이듬해에는
바뀔 것입니다. 세상이 바뀌니까요.
따라서 부모들도 세상의 변화에 맞춰서
아이들을 위한 교육 프로그램을 계속 바꾸고
개선해나가야 합니다. 이것이 미래의
교육 인프라가 될 것입니다. 그런 면에서
한국은 정말 좋은 환경이죠. 무엇보다도
부모들이 과학기술과 친숙하니까요.

"

참고 자료

한국의 천문학

- 『한국의 우주관』, 나일성 저, 연세대학교 대학출판문화원, 2016년
- "별의 '맥동설' 밝힌 천재 천문학자 이원철… 해방 후 기상청 이끈 '하늘 지킴이'", 〈한국경제신문〉, 2016년 7월 24일
- "민족과학을 찾아서: 최첨단 천문역법서인 칠정산(七政算)", LG 사이언스랜드(http://lg-sl.net/), 2007년 4월 4일
- "세종시대 최첨단 역법서 – 칠정산", 〈한겨레신문〉, 2005년 12월 7일
- 〈칠정산외편〉의 편찬자 이순지 · 김담, 한국천문연구원 한국천문학사(http://anastro.kisti.re.kr/)
- "장영실만 있나?… 이순지–이천도 있다", 〈동아일보〉, 2008년 1월 11일
- 『이이화 할아버지가 들려주는 천문학 이야기』, 이이화 원작, 박시화 글, 곽재연 그림, 파랑새, 2011.
- "우리 하늘의 별자리를 찾아서", 한국콘텐츠진흥원 문화콘텐츠닷컴(http://www.culturecontent.com/)
- 무용총, 한국콘텐츠진흥원 문화콘텐츠닷컴(http://www.culturecontent.com/)
- "4차원을 바라보는 혼천시계", 〈더 사이언스 타임즈〉, 한국과학창의재단, 2007년 1월 18일
- 〈한국의 과학과 문명: 4부작 위대한 유산〉, KBS, 2016년
- "세계 최대 거대마젤란망원경 건설 시작", 〈전자신문〉, 2015년 6월 14일
- Giant Magellan Telescope(http://www.gmto.org/)
- 대형망원경사업(K–GMT), 한국천문연구원(https://www.kasi.re.kr/)
- '두 개의 태양을 도는 행성 첫 발견'은 '우리나라', LG 사이언스랜드(http://lg-sl.net/),

2011년 10월 5일
- "두 개의 태양 도는 행성 찾았다", 〈연합뉴스〉, 2011년 9월 16일
- "나로호 1차 실패 원인은 '페어링(위성 덮개)'뿐", 〈조선일보〉, 2010년 5월 31일
- "로켓 불모지에서 나로호 개발… 이제 한국형발사체로 승부", 한국항공우주연구원 블로그(http://blog.kari.re.kr/), 2016년 3월 7일
- "나로우주센터는 10년 동안 한국과 러시아의 첩보 전쟁터였다", 〈프리미엄조선〉, 2015년 4월 2일

한국의 ICT

- 『국가정보화 20년의 기록』, 한국정보화진흥원(NIA), 2014년
- 2011 경제발전경험모듈화사업: 전자정부제도 도입, 행정안전부, 한국정책학회, 2012년
- 정보통신의날: 전화교환기 역사, 〈머니투데이〉, 2003년 4월 22일
- "TDX 혈서와 전자교환기 국산화", 〈디지털 타임스〉, 2008년 3월 14일
- "100대 사건: 국산 전전자교환기(TDX-1) 상용서비스", 〈전자신문〉, 2012년 9월 17일
- 국가기간전산망 구축 사업, 행정자치부 국가기록원(http://www.archives.go.kr/)
- 〈21세기 행정패러다임으로서의 전자정부연구의 의미와 과제〉, 김영삼, 최영훈, 한국행정학회, 2001년
- 한눈에 보는 이동통신의 역사 - ③CDMA 종주국 한국의 성장기, 커넥팅랩(http://www.connectinglab.net/), 2013년 2월 11일
- "100대 사건: CDMA 방식 이동통신서비스 세계 첫 개발", 〈전자신문〉, 2012월 9월 17일
- "와이파이 쓸 때면 그녀를 기억하세요… '헤디 라마르' 탄생 101주년", 〈여성신문〉, 2015년 11월 12일
- 대한민국 정부, 전자정부평가 세계 1위 3회 연속 달성, 행정자치부, 2014년 10월 7일
- "서울시, 7회 연속 세계도시 전자정부 평가 '으뜸'… 2위와 큰 격차", 〈헤럴드경제〉, 2016년 10월 19일
- 전길남 박사, 세계 두 번째 인터넷국가를 만들다, IT 문화원 블로그(http://www.ith.kr/), 2009년 4월 20일
- "[한국 인터넷 대중화 20년](5) 한국 인터넷 아버지이자 스승 전길남 KAIST 명예교수 ①", 〈조선비즈〉, 2014년 8월 11일

- 〈초연결사회〉, 소프트웨어정책연구소
- "[만물인터넷] ①만물이 소통하는 '초연결' 사회가 온다", 〈조선비즈〉, 2014년 4월 3일
- 〈만물지능인터넷 패러다임과 미래창조 IT 신전략〉, 하원규, 최민석, 김수민, 정보통신산업진흥원 주간기술동향, 2013년 8월 28일
- "미래기술 총집합, 21세기형 도시 송도", 〈동아일보〉, 2011월 1월 6일
- "IDC, 한국 사물인터넷 준비 지수, G20 국가 중 2위", 안수영, 〈IT 동아〉, 2013년 11월 27일

한국의 의학

- 『장기려, 그 사람』, 지강유철 저, 홍성사, 2015년
- "과학기술인 명예의 전당: 환자를 몰래 도망시킨 '바보 의사', 장기려(상)", 〈더 사이언스 타임즈〉, 한국과학창의재단, 2014년 7월 24일
- "과학기술인 명예의 전당: 김일성이 평생 그리워한 명의, 장기려(하)", 〈더 사이언스 타임즈〉, 한국과학창의재단, 2014년 7월 30일
- 〈신년특집 명의가 뽑은 '명의' 장기려 박사〉, EBS, 2009년 1월 2일
- "과학향기: 유행성출혈열 백신을 찾아낸 의학자, 이호왕", 〈한겨레신문〉, 2010년 10월 25일
- 살아있는 과학기술계 위인 '이호왕 박사', "하늘이 정해준 길을 갔다", 한국과학기술한림원 블로그(http://kast.tistory.com), 2015년 6월 25일
- "간 이식 성공률 99%… 수술 분업화·단순화로 새 길 개척", 〈중앙일보〉, 2014년 1월 7일
- 간 이식 5천례 달성… 말기 간 질환 최고 치료법으로 발전, 서울아산병원, 2016년 6월 21일
- "세계 간 질환 석학, '생체 간 이식 메카' 한국 집결", 〈후생신보〉, 2016년 5월 4일
- "미국이 시작한 로봇수술… 기술은 한국 의료진이 세계 최고", 〈한국경제〉, 2016년 10월 4일
- "로봇수술, 촉감 못 느끼는 게 가장 큰 단점", 〈중앙일보〉, 2011년 7월 10일
- "감쪽같은 수술? 원격 수술로봇", 미래창조과학부 웹진 〈미래이야기〉, 2016년 1월
- "히딩크도 왔다… 한국 의료관광 최고!", YTN, 2014년 1월 5일
- "외국인 사로잡은 한국, 의료관광 어디까지 왔나", 〈중앙일보〉, 2014년 12월 1일
- "병원정보시스템(HIS), 병원운영, 제약, R&D 등 전방위적 중동 보건의료진출 확산",

보건복지부, 2016년 2월 24일

- "정밀의료 산업, 미래 먹거리 될까?", 〈더 사이언스 타임즈〉, 한국과학창의재단, 2016년 8월 17일
- 〈The Precision Medicine Initiative〉, The White House
- Precision Medicine Initiative, Wikipedia(https://en.wikipedia.org/)
- "한국 잘 자라줬다!… 47년 만에 WHO 한국사무소 완전 폐쇄", 〈노컷뉴스〉, 2012년 9월 7일
- "백신의 황제 이종욱 사무총장은 누구인가", 〈한겨레신문〉, 2006년 5월 22일
- 『이종욱 평전: WHO 사무총장, 백신의 황제』, 데스몬드 에버리 저, 이한중 역, 최원식 감수, 나무와숲, 2013년
- 『무엇이 되기 위해 살지 마라: 세계은행 총재 김용의 마음 습관』, 백지연 저, 알마, 2012년
- "김용 세계은행 총재의 세상을 바꾸는 힘", 〈여성동아〉, 2014년 1월 15일

한국의 지식경제

- The Knowledge-based Economy, OECD, 1996.
- 지식기반사회란 무엇이고 그 특징은?, 〈디지털밸리뉴스〉, 2012년 9월 10일
- 〈지식기반경제의 이해〉, 추기능, 한국발명진흥회 연구보고서 2008 지식기반경제의 이해, 2008년
- 〈Understanding the Process of Economic Change〉, Douglass C. North, Princeton University Press, 2010.
- Douglass C. North-Prize Lecture: Economic Performance through Time, Nobelprize.org. Nobel Media AB 2014. Web. 21 Dec. 2016.
- "한국, 글로벌 소비자 선도… 아시아 테스트 베드 역할", 〈조선비즈〉, 2014년 12월 23일
- Tacit knowledge, Wikipedia(https://en.wikipedia.org/)
- "Education: Korea tops new OECD PISA survey of digital literacy", OECD, 28 June 2011.

이 책의 자료 사진을 제공해주신 분들께 감사드립니다. 그 밖의 저작권자 표시가 있는 사진과 그림은 Shutterstock.com에서 적법한 절차를 거쳐 사용되었습니다. 퍼블릭 도메인은 저작권을 표시하지 않았습니다.

감수를 진행해주신 김상철 한국천문연구원 선임연구원(천문학 분야), 김철호 서울대학교 의과대학 교수(의학 분야), 김기호 한국전자통신연구원 책임연구원(정보통신기술 분야), 문성환 서울교육대학교 생활과학교육과 교수(지식정보 분야)께 감사드립니다.

이 책은 2015년도 미래창조과학부의 재원(과학기술진흥기금/복권기금)으로 한국과학창의재단의 지원을 받아 만들었습니다.

세계가 놀란 한국의 과학기술

ⓒ 한국과학창의재단, 2016

초판 1쇄 발행일 2016년 12월 30일
초판 3쇄 발행일 2017년 11월 1일

지은이   그레고리 포코니, 린 일란, 조중행, 토비아스 C. 힌세
펴낸이   정은영
편집   사태희, 최성휘
마케팅   이경훈, 한승훈, 윤혜은
제작   이재욱, 박규태

펴낸곳   (주)자음과모음
출판등록 2001년 11월 28일 제2001-000259호
주소   (04083) 서울시 마포구 성지길 54
전화   편집부 (02)324-2347, 경영지원부 (02)325-6047
팩스   편집부 (02)324-2348, 경영지원부 (02)2648-1311
이메일   jamoteen@jamobook.com

ISBN 978-89-544-3706-6 (03400)

잘못된 책은 교환해드립니다.
이 도서의 국립중앙도서관 출판예정도서목록(CIP)은 서지정보유통지원시스템 홈페이지(http://seoji.nl.go.kr)와 국가자료공동목록시스템(http://www.nl.go.kr/kolisnet)에서 이용하실 수 있습니다. (CIP제어번호: CIP2016031484)